辅助降血脂益生菌及其发酵食品

高玉荣　著

中国纺织出版社有限公司

内 容 提 要

本书主要介绍具有辅助降血脂功能的益生菌及其发酵食品的制备技术。内容包括辅助降胆固醇益生菌及其培养技术，辅助降胆固醇益生菌发酵食品制备技术，辅助降胆固醇降甘油三酯益生菌的筛选、鉴定及其培养技术，辅助降胆固醇降甘油三酯益生菌冻干发酵剂的制备技术及其发酵果蔬制品的制备技术。本书可供从事食品微生物、果蔬深加工、发酵食品等行业的工程技术人员、科研人员与高等院校从事农产品加工及食品科学与工程相关专业领域的学生和教师参考。

图书在版编目(CIP)数据

辅助降血脂益生菌及其发酵食品 / 高玉荣著. -- 北京：中国纺织出版社有限公司，2021.3（2022.8 重印）

ISBN 978-7- 5180-8415-9

Ⅰ.①辅⋯ Ⅱ.①高⋯ Ⅲ.①乳酸细菌—发酵食品—食品工艺学 Ⅳ.①TS2

中国版本图书馆 CIP 数据核字（2021）第 046182 号

责任编辑：潘博闻 国 帅 责任校对：楼旭红
责任印制：王艳丽

中国纺织出版社有限公司出版发行
地址：北京市朝阳区百子湾东里 A407 号楼 邮政编码：100124
销售电话：010—67004422 传真：010— 87155801
http://www. c-textilep.com
中国纺织出版社天猫旗舰店
官方微博 http://weibo.com/2119887771
北京虎彩文化传播有限公司印刷 各地新华书店经销
2021 年 3 月第 1 版 2022 年 8 月第 2 次印刷
开本：710×1000 1/16 印张：13
字数：213 千字 定价：68.00 元

凡购本书，如有缺页、倒页、脱页，由本社图书营销中心调换

前　言

　　益生菌是一类能在宿主体内对宿主健康发挥有效作用的活性微生物的总称。由于某些益生菌能通过代谢产生对肠道有害微生物具有抑制作用的乳酸、过氧化氢、细菌素等物质，有利于机体肠道健康。此外，某些益生菌还具有抗氧化、同化胆固醇及提高免疫力等特殊保健功能。随着人们生活水平的提高及膳食结构的变化，日常饮食中高脂肪、高胆固醇食物比例显著增大。人体血液及日常饮食中胆固醇和甘油三酯的含量过高，是导致动脉粥样硬化、冠心病等心脑血管疾病发病的主要原因。由于治疗药物价格高、副作用大，采用天然食物或微生物来降低饮食及血液中的胆固醇和甘油三酯的浓度成为当前辅助降血脂的一种安全而有效的方法。我国大豆、葡萄、苹果等农产品资源丰富，但深加工产品品种较单一，产品的功能性有待提高。利用具有辅助降血脂功能的益生菌开发果蔬发酵食品，不仅能提高果蔬中活性物质的含量，且可丰富我国果蔬深加工产品的种类，提高果蔬产品的附加值。

　　近年来，作者及其带领的益生菌科研团队一直致力于具有辅助降胆固醇、降甘油三酯功能的益生菌的筛选及其发酵食品的研发。相关研究受到了包括安徽省重点研究与开发计划项目(1804a07020123)、巢湖学院科研启动项目(KYQD-201712)在内的资金支持。在相关研究工作中也体会到目前关于辅助降血脂及其发酵食品方面的书籍较少，基于此，在总结多年从事益生菌研究和产品开发工作的基础上撰写了这本书，希望本书的出版能为辅助降血脂益生菌及其发酵食品的研究和产品开发提供一些有益的参考。

　　本书由高玉荣撰写，在本书的写作过程中还参考了部分学者及专家的著作以及研究成果，在此一并表示感谢。

　　由于作者水平有限，加上本书涉及的内容较广，难免存在不足之处，敬请广大读者批评指正。

高玉荣

2021 年 1 月于巢湖学院

目　录

第 1 章 辅助降血脂益生菌及其发酵食品概述

1.1 益生菌

1.1.1 益生菌的概念及种类

（1）益生菌的概念

益生菌一词是由 Lilly 和 Stillwell 在 1965 年首次提出的,他们将益生菌定义为由活性微生物产生的,能刺激其他微生物生长,与抗生素相反的物质。1974 年,Fark 对益生菌的定义进行了修改,认为益生菌是包括抗生素在内的有利于肠道平衡的有机物。1989 年,Fuller 进一步将益生菌的定义进行了补充和修订,将其定义为能够促进宿主肠道内微生物菌群的生态平衡,从而有益于宿主健康的活性微生物制剂。2001 年,世界卫生组织（WHO）和世界粮农组织（FAO）重新对益生菌进行了定义,认为益生菌是"通过摄取适当的量,能对宿主的身体健康发挥有效作用的活性微生物"。因此,目前所说的益生菌也被称为微生态调制剂,活菌制剂,是一种能促进宿主肠道生态平衡的菌群,且有助于宿主生理健康功能的活性微生物。益生菌主要定植在宿主的皮肤、口腔、肠道及阴道中。

目前通常认为益生菌应具备以下特征:①对宿主的健康有益;②对宿主无毒、无致病作用;③能在宿主的消化道中存活;④能耐受宿主体内的胃酸和胆盐;⑤能在宿主消化道的黏膜表面进行定植;⑥能够产生对宿主有益的多种酶类和代谢物;⑦在食品加工和贮存过程中仍能保持一定的生物活性;⑧加工产品具有良好的感官特性。

（2）益生菌的种类

益生菌主要包括双歧杆菌属、乳杆菌属、乳球菌属、肠球菌属、明串珠菌属及链球菌属的一些微生物。这些微生物在宿主体内能竞争性消耗病原菌所需的营养物质,并产生乳酸、过氧化氢及抑菌肽等可有效抑制病原菌繁殖的代谢产物。

①双歧杆菌属。双歧杆菌属的乳酸菌是一类非常重要的益生菌。细胞通常杆状,常呈现弯曲、棒状或分支状。细胞一般单生、成对或呈 V 字型排列。细胞革兰氏染色呈阳性,专性厌氧。常出现于肠道、反刍动物的瘤胃、污水等处。

②乳杆菌属。乳杆菌属的乳酸菌其细胞一般呈杆状。革兰氏染色呈阳性,兼性厌氧或微好氧。多出现在乳、谷物、果蔬及其制品、发酵面团等中。乳杆菌属中的嗜酸乳杆菌、植物乳杆菌、保加利亚乳杆菌等都可以作为人体的益生菌而广泛使用。

③乳球菌属。乳球菌属的乳酸菌其细胞呈球或卵圆形,一般单生或成链状。革兰氏染色呈阳性,兼性厌氧。多出现在乳和乳制品中。

④明串珠菌属。明串珠菌属的乳酸菌其细胞呈球形,常成对和成链排列。革兰氏染色呈阳性,兼性厌氧。常见于发酵蔬菜、水果、牛奶和牛乳制品中。

⑤肠球菌属。肠球菌属的乳酸菌其细胞呈球形或卵圆形,一般成对或短链排列。不生芽孢,革兰氏染色呈阳性,有时以鞭毛运动,兼性厌氧。常出现于脊椎动物的粪便中。

⑥链球菌属。链球菌属的乳酸菌其菌体呈球形或卵圆形,通常链状排列。革兰氏染色阳性,多数菌种为兼性厌氧菌,少数菌种为厌氧菌。常出现在乳、乳制品中。

1.1.2 益生菌的保健功能

现代医学研究表明,益生菌在肠炎等肠道疾病,胃溃疡等消化性疾病,高血脂等三高类疾病,肠癌等癌症和女性阴道疾病等的预防、治疗和修复过程中发挥着重要作用。

(1)防治乳糖不耐症

乳糖不耐症是由于人体的小肠黏膜上的绒毛上皮细胞不能分泌乳糖酶或分泌的量不足,导致牛奶中的乳糖无法水解成为葡萄糖和半乳糖,从而使乳糖在小肠内不能被消化和吸收。未被小肠吸收的乳糖进入到人体的大肠内后,经过人体肠道内各种微生物的发酵作用产生氢气、二氧化碳和甲烷等气体,使人体出现腹泻、腹痛、腹胀等症状。乳糖不耐症是亚洲人常见的一种营养吸收障碍性疾病。在中国,成年人的乳糖不耐症的发病率高达 86.7%。研究发现,乳酸菌在生长代谢过程中能分泌乳糖酶,可将牛奶中含有的乳糖进行分解代谢,从而可改善宿主乳糖不耐症的症状。此外,以乳酸菌为发酵剂发酵生产的酸奶制品,能有效降低原料牛奶中的乳糖含量,减慢人体胃排空的速率和肠道转运的时间,有效延长人体小肠内乳糖酶和 β-半乳糖苷酶水解乳糖的时间,从而提高人体对乳糖的水解率,起到改善人体乳糖不耐症的作用。部分乳酸菌(如嗜酸乳杆菌、保加利亚乳杆菌等)具有较强的耐受人体胃酸的能力,在机体内能维持自身细胞膜的完整性。以酸奶作为乳酸菌的载体进入到人体胃内后,可使乳酸菌分泌的乳糖酶能不被胃酸降解破坏而安全地进入到人体的小肠中,使牛奶及酸奶中含有的乳糖被分解代谢,从而改善人体乳糖不耐症的症状。

(2)防治腹泻

腹泻是以人体大便次数增多及大便性状改变为特点的常见的消化道疾病。与成年人相比,由于儿童的免疫系统发育还不够成熟,体内肠道微生物菌群的组成较为简单,因此更容易感染致病性大肠杆菌等有害细菌或病毒,从而导致肠道内微生物菌群的失调,从而引发儿童急性腹泻。此外,滥用抗生素也会杀死肠道内有益微生物,从而引起人体肠道微生物菌群的失调。目前临床上广泛采用服用益生菌微生态制剂这种人为干预的方法来治疗儿童腹泻。人体服用益生菌微生态制剂后,其中的有益微生物能与人体肠道内的致病性微生物如大肠杆菌、霍乱弧菌等竞争肠道黏膜上皮细胞上的黏附位点。同时益生菌微生态制剂中的有益微生物能通过生长代谢作用产生乳酸、过氧化氢、抗菌肽等抗生物质来抑制这些致病性微生物的生长和代谢,最终通过调节人体肠道微生物菌群的组成来发挥防治腹泻的作用。除此之外,益生菌还能增加人体肠道黏膜内免疫细胞的数量,促进机体内抗原的呈递和干扰素的表达,从而增强人体肠道的免疫功能。

(3)防治消化道溃疡

消化道溃疡是一种人体常见的消化系统疾病,主要是由于幽门螺杆菌感染或人体胃黏膜的保护作用减弱而导致的溃疡性慢性疾病。目前临床研究已证明,通过根治幽门螺杆菌的感染能提高消化道溃疡的治疗效果。由于人体服用抗生素容易使幽门螺杆菌等致病菌产生耐药性,往往不能完全抑制或杀死胃肠道的幽门螺杆菌。现代医学研究表明,嗜酸乳杆菌等益生菌在防治幽门螺杆菌上有着抗生素无法比拟的优势。首先,嗜酸乳杆菌等益生菌能黏附在胃黏膜上皮细胞的结合位点上,从而抑制幽门螺杆菌的黏附作用。其次,益生菌还能通过代谢分泌过氧化氢、乳酸、细菌素等具有抗菌作用的物质来抑制幽门螺杆菌的生长。另外,益生菌还能促进胃黏膜上皮细胞中抗炎因子的表达,从而起到防治消化道溃疡的作用。

(4)提高机体免疫能力

研究表明,某些益生菌(如植物乳杆菌等)能通过分泌胞外活性多糖等代谢产物与宿主细胞发生相互作用,也能通过细胞表面的细胞壁相关分子与宿主的细胞发生相互作用,激活与机体免疫相关的信号传递,刺激人体内单核因子的产生,调控机体内抗体的分泌,从而增强机体的免疫功能。Dong等人研究了4株乳杆菌和2株双歧杆菌对机体外周血液内单核细胞的免疫调节反应,通过比较发现这些乳酸菌菌株都能增强机体内B淋巴细胞、T淋巴细胞及NK细胞的免疫活性,同时提高白介素等细胞因子的免疫活性。Elmadfa等人研究发现,在饮用了含有嗜热链球菌、德氏乳杆菌和干酪乳杆菌3种乳酸菌的酸奶4个星期后,能活化机体内自然杀伤细胞和T淋巴细胞,刺激机体内细胞因子的产生,显著增强了机体的免疫反应。

(5)延缓衰老

研究表明双歧杆菌等益生菌能通过提高抗氧化能力、减少炎症反应等机制延缓机体的衰老。人体肠道中的益生菌以双歧杆菌等厌氧菌为主,这些益生菌的菌体内能产生与抗氧化有关的酶。研究发现,嗜酸乳杆菌ATCC4356和肠道长双歧杆菌ATCC15708两种益生菌的胞内提取物均具有很强的抗氧化作用,两种益生菌的胞内提取物对亚油酸过氧化作用的抑制率分别达到48%和45%。Zhang等人以小鼠为实验动物,研究了植物乳杆菌YW11产生的胞外多糖的氧化应激和肠道微生物的影响,结果发现高剂量的植物乳杆菌胞外多糖能显著增加小鼠血清中超氧化物歧化酶和谷胱甘肽过氧化物酶的活性,并能增加总抗氧化能力,从而缓解处于衰老期小鼠的氧化应激反应。另外,医学研究证明人体肠道微生物菌群如果出现自身免疫耐受下降及菌群结构的改变会导致人体肠道免疫功能的异常,从而引起炎性反应。双歧杆菌等益生菌能降低老年人血液中促炎症细胞因子的合成,增加老年人体内T淋巴细胞、B淋巴细胞和自然杀伤细胞等机体免疫细胞的活化水平及吞噬活性,从而减缓机体的衰老。

(6)缓解精神性疾病

临床研究发现,嗜酸乳杆菌、双歧杆菌等益生菌对减少人体焦虑和压力反应、稳定慢性疲劳患者的不良情绪起到一定的积极作用。Luo等人研究发现,给肝性脑病动物饲喂瑞士乳杆菌,能减轻其炎症反应并改善其认知功能。Kazemi等人研究发现,在日常饮食的同时补充嗜酸乳杆菌和双歧杆菌等益生菌,能显著降低人体白氏抑郁症量表分数,这表明了服用益生菌制剂可以显著改善人体的抑郁症状。研究还发现服用双歧杆菌等益生菌制剂可以提高老年人的认知能力,从而显著降低老年痴呆症的发病率。目前的多项研究已证实,双歧杆菌等益生菌制剂在与机体衰老相关的精神性疾病的治疗上起着重要作用。

（7）降低机体代谢性疾病的风险

高血脂症和糖尿病等属于机体慢性代谢性疾病,这些机体代谢性疾病的发病机制比较复杂。研究表明嗜酸乳杆菌、双歧杆菌等益生菌在预防和控制糖尿病上也有一定的作用。Miraghajani 等人发现,体内的益生菌能通过提高肠黏膜的免疫能力和减少肠道内致病性微生物,抑制机体炎症反应、提高抗氧化作用等机制,影响内质网应激性、稳定葡萄糖浓度和抵抗胰岛素相关基因的表达,最终起到预防和控制人体糖尿病的作用。另外,研究发现双歧杆菌等益生菌能通过提高人体内维生素 D 的水平,降低人体体重,减少肠道致病菌胞内毒素的释放,增加肠道内短链脂肪酸的含量等途径,起到预防和控制高血脂症和糖尿病等人体慢性代谢性疾病的作用。

（8）抗癌作用

近年来研究发现,双歧杆菌等益生菌能通过多种途径参与癌症的调控。首先,双歧杆菌等益生菌能通过调节人体肠道内菌群的结构,参与机体代谢调节,抑制体内致癌物的活性;抑制端粒酶的活性等机制来抑制体内肿瘤细胞的产生。其次,双歧杆菌等益生菌还能通过对机体内 T 淋巴细胞、巨噬细胞、自然杀伤细胞和 B 淋巴细胞等免疫细胞的免疫调节作用来发挥抗癌作用。同时,双歧杆菌等益生菌还能通过其抗氧化作用,诱导体内癌细胞凋亡等作用来发挥其抗癌功能。Gui 等人以肺癌模型小鼠为研究对象以乳杆菌为益生菌制剂,研究表明某些益生菌能促进体内穿孔素、干扰素 γ 和颗粒酶 B 的表达,起到减小体内肿瘤体积的作用。

1.2　胆固醇和甘油三酯过高对健康的危害

1.2.1　胆固醇过高对健康的危害

胆固醇是人体所必需的营养成分之一,是构成人体细胞的重要成分。胆固醇是合成维生素 D_3 的原料,也是合成胆汁的前体物,在人体内也能被转化成类固醇激素。因此,胆固醇对机体有重要的生理功能。胆固醇主要分布在在人体内肾脏、皮肤、脾脏、肝脏、脑及神经组织中。正常人每天胆固醇的摄取量应不超过 $250 \sim 300$ mg。如果人体内的胆固醇含量过高,容易增加机体患动脉硬化、冠心病、脑中风等心脑血管疾病的风险,严重危害人体的健康。

Keys 等人研究发现,心脑血管疾病的发生率与人体血液中胆固醇浓度呈正相关性。人体胆固醇摄入量偏高,会导致血浆中胆固醇浓度过高,从而引发人体的动脉硬化等心脑血管疾病。目前研究已证实,人体内的胆固醇含量过高可以引发脑中风、冠心病及动脉粥样硬化等心脑血管疾病。研究表明在血液中的胆固醇在高密度脂蛋白和低密度脂蛋白上运转。人体血液中的低密度脂蛋白能将肝脏内合成的胆固醇输送到肝外,如果其浓度超标就会导致人体血液血脂升高,血液中的胆固醇会聚集在动脉血管的管壁上,增大患动脉粥样硬化的风险。而高密度脂蛋白是抗动脉硬化因子,含量高不会提高反而会降低人体患心脑血管疾病的风险。正常情况下,约三分之二的内源性胆固醇是由人体的肝脏等器官合成的,另外约三分之一的胆固醇主要是从饮食中获取。研究发现 3-羟基-3-甲基戊二酰 CoA 还原酶能调节内源性胆固醇的合成速度。研究表明动物内脏、蛋黄及海产品中的胆固醇含量较高,如果这些食物摄入过多,就会导致血液中胆固醇含量增加,导致高血脂症,进而引发冠心病等心脑血管疾病。

因此目前的研究已证实了高胆固醇含量与冠心病、动脉粥样硬化等心脑血管疾病密切相关。人体血浆中胆固醇的含量每增加 1 mmol,就会增加人体 51% 心肌梗死的危险;人体胆固醇含量超过 7.0 mmol/L,其心肌梗死的风险就会增加 3 倍以上。因此降低血液中胆固醇含量是防治心脑血管疾病的有效措施。人们生活水平的提高,往往导致日常膳食中胆固醇含量超标。为了防治心脑血管疾病,人们不得已采用限制日常饮食的方法,但这会导致生活质量的下降和某些营养物质摄入不足等问题。研发胆固醇含量低的食品及具有辅助降低胆固醇功能的食品已成为解决上述问题的有效措施。

1.2.2　甘油三酯过高对人类健康的危害

甘油三酯是人体必需的营养素,也是细胞的重要组成成分。甘油三酯不仅能为机体提供能量,还参与人体激素和其他重要的生命物质的合成。甘油三酯的摄入量过多,会导致人体血液中低密度脂蛋白含量的增加。研究表明人体血液中的低密度脂蛋白能将肝脏内合成的胆固醇输送到肝外,因此血液中低密度脂蛋白浓度的提高会导致人体血液中的血脂含量升高,血液中的胆固醇会聚集在动脉血管的管壁上,提高患动脉粥样硬化等心脑血管疾病的风险。

1.3　益生菌辅助降血脂机制

1.3.1　辅助降血脂的主要方法

目前降血脂主要是通过减少甘油三酯和胆固醇的摄入量、抑制人体对胆固醇和甘油三酯的合成及促进甘油三酯和胆固醇的转化和排除的途径来进行。具体主要有以下几种方法：①减少人体对富含胆固醇和甘油三酯的食物的摄入量；②减少人体对食物中的胆固醇和甘油三酯的吸收量；③降低食物中胆固醇和甘油三酯的含量；④通过洛伐他汀等药物阻断机体内胆固醇和甘油三酯的合成；⑤抑制胆盐在人体小肠内的重吸收作用。

从以上方法中可以看出，减少人体对胆固醇和甘油三酯的吸收是辅助降血脂的一种重要方法，目前的研究发现，通过双歧杆菌等有益微生物的代谢作用可辅助降解食物中的胆固醇和甘油三酯的含量。

1.3.2　益生菌辅助降胆固醇机制

目前研究发现益生菌能通过对胆固醇的吸收作用、胆固醇的共沉淀作用及胆固醇的掺入作用等机制来降低体内的胆固醇含量。

(1)益生菌对胆固醇的吸收作用

目前研究表明，双歧杆菌等益生菌能通过对环境中胆固醇的吸收作用而起到降低环境中胆固醇的作用。大量体外实验研究表明，某些益生菌能在厌氧条件下将富含胆固醇培养基中的胆固醇进行吸收，从而降低培养基中胆固醇的含量。近年来，人们不断地从猪、牛体内及发酵食品中分离到能在体内和体外起降胆固醇作用的嗜酸乳杆菌、食淀粉乳杆菌等益生菌，研究发现这些益生菌能表现出不同程度的对胆固醇的吸收能力。研究也发现益生菌对胆固醇的这种吸收作用与培养基中胆固醇的种类、菌体浓度及其所处的生长阶段直接相关。很多学者的研究表明，适当提高培养基中的胆盐含量对提高益生菌细胞壁的通透性有一定的作用，这样可以使环境中的胆固醇更容易渗入益生菌菌体细胞内，起到降低环境中胆固醇含量的作用。

(2)益生菌对胆固醇的共沉淀作用

胆固醇的共沉淀作用机制主要是人体内的胆固醇与胆酸结合形成大分子复合物而沉淀，从而导致体内胆固醇含量下降。胆固醇的共沉淀作用是目前被普

7

遍认可的益生菌降胆固醇的机制之一。研究表明乳酸菌发酵产酸后,导致了酸性环境,溶液中的胆盐和胆固醇能结合形成大分子沉淀物,从溶液中脱出,从而导致溶液中的胆固醇含量显著下降。另外,研究表明某些益生菌能产生胆盐水解酶将胆盐分解成游离状态的胆酸,然后与胆固醇结合形成沉淀,从而降低了环境中胆固醇的含量。

目前人们通过对小鼠、猪等动物的实验研究也证实了双歧杆菌等益生菌的共沉淀作用可有效降低血清中胆固醇的含量。研究者给仔猪饲喂具有体外降胆固醇能力的益生菌,发现其血清中的胆固醇含量显著低于未饲喂益生菌的仔猪,而且其粪便中类固醇物质的排泄量显著增加。双歧杆菌等益生菌能通过这种胆固醇的共沉淀作用,有效降低人体消化道内的胆固醇含量,从而避免人体血液中胆固醇含量超标。

(3)益生菌对胆固醇的掺入作用

一些学者的研究表明,某些嗜酸乳杆菌和双歧杆菌等益生菌也能将部分胆固醇吸收并掺入细胞膜,从而降低环境中的胆固醇含量。有研究者发现长双歧杆菌等益生菌能将大部分培养基中的胆固醇吸收到益生菌的细胞内,但仍然有20%左右的胆固醇存在于细胞膜中未进入到益生菌细胞内部。另有研究者研究发现,在不控制培养基 pH 时,益生菌细胞整体所含的胆固醇浓度显著低于其细胞膜中的胆固醇浓度。而当环境处于酸性环境时,益生菌细胞整体所含的胆固醇浓度不低于细胞膜中的胆固醇浓度。这说明在酸性环境下胆固醇更容易通过细胞膜而进入益生菌细胞内部。也有学者发现,某些益生菌的热杀死细胞也能在没有吸收胆固醇作用和共沉淀作用的情况下,去除部分胆固醇。这种去除可能是由于环境中的胆固醇被掺入到了益生菌的细胞膜中。

(4)益生菌的同化作用

很多研究表明,嗜酸乳杆菌和双歧杆菌等益生菌对环境中的胆固醇除了有吸收作用外,还有同化作用。这些益生菌能将环境中的胆固醇吸收后,通过体内的酶进行降解代谢来合成自身的细胞膜等结构,从而降低了环境中的胆固醇含量。

(5)抑制限速酶的活性

一些学者以小鼠为模型进行体内降胆固醇的研究,发现嗜酸乳杆菌等益生菌能影响小鼠体内胆固醇合成途径中的关键限速酶 3-羟基-3-甲基戊二酰 CoA 还原酶的活性,从而调控小鼠体内胆固醇的合成速度。某些益生菌能抑制这种胆固醇合成限速酶的活性,降低酶促反应速度,减少体内胆固醇的合成量,从而辅助降低体内血清中胆固醇的含量。

（6）其他机制

有学者研究发现，通过双歧杆菌等乳酸菌的发酵作用可生成一些不可消化的短链脂肪酸，能够阻断宿主体内胆固醇的自体合成，进而影响宿主体内胆固醇在组织和肝脏之间的再分配，从而辅助降低宿主血液血清中胆固醇的含量。

人们对益生性乳酸菌双歧杆菌体内降胆固醇的研究发现，益生菌能抑制人体内 T 淋巴细胞的活化，控制低密度脂蛋白接受器的合成，从而辅助降低血清中胆固醇的含量。另外有学者研究发现，乳酸菌胞外多糖能增强乳酸菌结合游离胆酸的能力。因此，乳酸菌胞外多糖能促进游离胆酸的排泄，从而辅助降低血清中胆固醇的含量。

1.4　辅助降血脂益生菌

近年来，随着人们生活水平的提高，我国冠心病等心脑血管疾病的发病率呈上升趋势。研究表明人体血清中胆固醇和甘油三酯的含量过高导致的高血脂症被认为是引发冠心病、动脉粥样硬化、高血压等心血管疾病的重要因素。研究和利用具有辅助降胆固醇和甘油三酯功能的益生菌以辅助降低人体血清中胆固醇和甘油三酯的含量，对防治心脑血管疾病、改善人们的健康水平将产生积极的作用。

1.4.1　国外研究状况

益生菌也被称为微生态调制剂，活菌制剂，是一种能促进宿主肠道生态平衡的菌群，且有助于宿主生理健康功能的活性微生物。除此之外，国内外研究表明，一些益生菌还具有降胆固醇、提高免疫力等特殊功能。早在 20 世纪 60 至 70年代，Mann 和 Shaper 发现，在非洲成年男性食用大量的乳酸菌发酵的牛奶后，体内血清中胆固醇含量显著下降，从此各种关于乳酸菌辅助降胆固醇功能的研究在世界各国逐渐开展。Han 等人研究发现植物乳杆菌 NR74 和鼠李糖乳杆菌BFE5264 能通过 Niemann-Pick C1-like 1（NPC1L1）控制胆固醇的吸收。在细菌和细胞壁组也观察到其具有控制胆固醇吸收的效应。这些数据表明一些乳酸杆菌属的菌株和含有这些菌株的传统发酵食品具有抑制体内胆固醇吸收的作用。Zeng 等人从新鲜牛粪中筛选出一株发酵乳杆菌，其体外胆固醇降解率达48.87%，并有良好的耐酸耐胆盐能力和对金黄色葡萄球菌等有害微生物的抑制性能。Pan 等人从马奶酒和发酵乳饮料中筛选出一株发酵乳杆菌 SM-7,其体外胆固醇降解率达到 66.8%,能显著抑制致病性金黄色葡萄球菌和大肠杆菌的生长,对胃酸和胆盐有很强的耐受能力。Brashears 等发现乳杆菌在不同的 pH 环境条件下其脱除胆固醇的能力有显著差异。

关于降胆固醇益生菌的筛选及产品的研究报道相对较多,但对体外降甘油三酯益生菌的筛选及其产品的研究较少。Nguyen 等人从粪便中分离出一株具有体外降胆固醇和甘油三酯功能的植物乳杆菌 PH04,按照每天每只 10^7 CFU/mL 的量喂养高胆固醇模型小鼠,14 d 后,喂养植物乳杆菌 PH04 的高胆固醇小鼠与对照组相比,其血清中的胆固醇和甘油三酯分别降低了 7% 和 10%。Rajkumar 等人研究了益生菌(VSL # 3)和 ω-3 脂肪酸对人体血脂的影响,以 60 名年龄在 40~60 岁,超重、健康的成年人为实验对象,将受试者随机分为四组,受试者分别服用益生菌,ω-3 脂肪酸,安慰剂,ω-3 脂肪酸和益生菌,6 周后收集受试者的血液和粪便样品,发现服用益生菌组的患者血液中甘油三酯,胆固醇及低密度脂蛋白明显降低($P<0.05$)。

1.4.2　国内研究状况

目前国内对具有辅助降胆固醇效果的益生菌进行了广泛的研究,发现不同益生菌的生理和代谢特征不同,在其益生功能上也存在显著差异。丁苗等人从发酵肉制品中分离筛选出了一株体外胆固醇降解率为 33.78% 的消化乳杆菌 SR10。刘长建等人从菠菜中筛选分离出 33 株乳酸菌,进行体外降胆固醇能力的测定,筛选出一株胆固醇降解率达到 47.58% 的干酪乳杆菌。章秀梅等人从发酵酸菜中筛选出一株短乳杆菌 L3,其体外降解胆固醇的能力达到 54.29%。蒋利亚等人从中国传统的乳制品中分离筛选出体外胆固醇降解率为 50.2% 的干酪乳杆菌菌株 L2。王今雨等人从中国内蒙古传统发酵乳制品中分离筛选出 1 株植物乳杆菌 NDC75017,研究发现其细胞破碎液中胆固醇脱出率为 32.87%。汪晓辉等人从中国传统食物腊肠和泡菜中分离筛选到了体外胆固醇降解率分别为 49.11% 和 50.03% 的植物乳杆菌 LpT1 和 LpT2。

我国研究者对降甘油三酯功能益生菌的研究较少。2008 年,尹军霞等人从发酵酸菜中分离筛选出一株体外降胆固醇和甘油三酯的降解率分别为 47.58% 和 12.39% 的乳酸乳球菌。陆佳佳等人从东北虎肠道分离出了体外胆固醇降解率和甘油三酯的降解率分别达 55.00% 和 17.89% 的嗜酸乳杆菌。王丽等人对实验室保藏的 7 株乳酸菌的胆固醇和甘油三酯降解率进行了研究,发现菌株 Y10

降胆固醇效果最好达 30.81%,菌株 X1 降甘油三酯能力最强,其降解率达到 17.72%。

与国外相比,国内对于微生物降甘油三酯的研究起步较晚,且大多研究以降解胆固醇为主。随着研究的深入,许多临床试验证实了甘油三酯也是引发心脑血管疾病的重要因素之一,目前降解甘油三酯的菌种主要是以红曲、灵芝等药用真菌为主,而利用嗜酸乳杆菌等益生菌降解甘油三酯的研究报道较少。综上所述,目前关于降血脂益生菌的研究主要集中在降胆固醇益生菌的筛选、辅助降胆固醇机理的研究,而对于降甘油三酯功能的益生菌研究较少。今后有待于进一步筛选同时具有降胆固醇和降甘油三酯功能的益生菌,并将这种益生菌应用于降血脂功能性食品的开发。

1.5　益生菌发酵剂

1.5.1　乳酸菌发酵剂对产品品质的影响

国外的学者对发酵蔬菜中添加乳酸菌对发酵蔬菜品质和发酵性能的影响进行了一定的研究,结果表明在发酵过程中添加肠膜明串珠菌等乳酸菌发酵剂能显著缩短蔬菜发酵的时间,提高发酵蔬菜的感官品质。

Kalač 等人研究了植物乳杆菌对德国泡菜中生物胺形成的影响,结果表明添加的乳酸菌能显著抑制泡菜发酵过程中生物胺的形成。Jeong 等人研究了在朝鲜泡菜生产中添加乳酸菌对产品品质的影响,发现乳酸菌发酵剂对泡菜自然发酵过程中的微生物及其代谢产物均能产生显著的影响。Peñas 等人研究了肠膜明串珠菌发酵剂的发酵条件和泡菜的冷藏条件对酸菜中微生物数量和有害物质生物胺数量的影响,结果表明使用发酵剂和 0.5% NaCl 能显著抑制酸菜中生物胺的产生。Jung 等人研究了朝鲜泡菜发酵过程中肠膜明串珠菌发酵剂的作用,结果表明泡菜中的肠膜明串珠菌在发酵初期能通过产生乙酸、乳酸和甘露醇等影响微生物群系并提高泡菜的风味。阿尔马格罗茄子是一种在西班牙和一些地中海国家非常流行的佐餐食物,传统生产是依靠原料上携带的微生物进行自然发酵,研究也发现发酵牛乳中的乳酸菌对产品的阿尔马格罗茄子的发酵速度及产品品质有显著的影响。

1.5.2 益生菌发酵剂的制备

目前使用的益生菌发酵剂主要是直投式的益生菌发酵剂。这种益生菌发酵剂是为生产发酵食品通过冷冻干燥技术制备活性益生菌制剂,通常通过益生菌的培养、离心收集、真空冷冻干燥制备而成的高活力的益生菌真空冻干培养物。

益生菌发酵剂的质量对于发酵食品的生产非常重要。传统益生菌发酵剂是将纯益生菌菌种进行试管活化、复壮后,经实验室和生产车间的逐级扩大培养制成。但在这种传统益生菌发酵剂的生产过程中,由于扩大培养过程比较烦琐,如果操作不规范很容易造成菌种内杂菌的污染,使益生菌发酵剂的质量不易控制。特别是在一些中小型的发酵食品企业,由于企业的生产条件相对比较简陋,技术人员缺乏、品质控制不严格等因素导致益生菌菌种质量得不到保证。

随着现代科学技术的发展,冻干益生菌发酵剂的菌株因其具有活力强、菌剂用量少、杂菌污染低、方便使用等优势,在欧美等发达国家得到了广泛应用。

1.5.3 益生菌发酵剂研究概况

乳酸菌作为发酵剂在国内外已有相关研究报道。目前国内外相继开展了益生菌纯菌种发酵和直投式益生菌菌剂的研究和应用。例如在国内外的发酵乳制品中,已广泛使用经菌种扩培、离心收集、冷冻、真空干燥制备的益生菌发酵剂。这种益生菌发酵剂在使用过程中,不仅易于保证复配菌种的比例,而且可有效防止益生菌的失活,减少有害杂菌的污染。

Carvalho 等人研究了用果糖、甘露糖及乳糖做碳源时,能显著提高保加利亚乳杆菌的在冻干发酵剂的制备过程中对抗冷冻干燥的能力,提高了其存活率。Minervini 等人在羊乳功能性发酵食品的制备中采用筛选的乳酸菌复合发酵剂作为菌剂进行生产,保证了产品的质量。Beal 等人研究发现,在乳酸菌的液体培养基中添加 Ca^{2+} 能显著增强乳酸菌对冷冻干燥的抵抗能力,显著提高菌体的存活率。汪建明等人研究采用真空冷冻干燥方法及喷雾干燥方法来制备干酪乳杆菌发酵剂,对两种方法的益生菌存活率进行了比较研究。袁雪林等人从传统发酵乳制品中筛选得到一株高产胞外多糖的嗜热链球菌,对这株嗜热链球菌高密度培养条件和真空冷冻干燥保护剂进行了深入的研究。弓耀忠等人将产乳酸链球菌素的乳酸菌、产胞外多糖的乳酸菌与嗜热链球菌和保加利亚乳杆菌共同制备了酸奶的复合发酵剂。研究发现复合发酵剂能显著提高发酵酸奶的黏度、稳定性及口感等感官品质,同时显著提高了酸奶的稳定性。陆利霞等人用分离筛选出的植物乳杆菌 B2 作为单一菌株发酵剂制作了萝卜泡菜产品,研究表明泡菜产品的酸度、发酵速度、产品感官指标均优于自然发酵的萝卜泡菜产品。熊晓辉等人从泡菜汁中筛选出产酸量较高的弯曲乳杆菌和植物乳杆菌,以这两株菌制备的发酵剂腌制的萝卜泡菜其感官品质显著优于自然发酵制备的萝卜泡菜产品。蔡鲁峰等人从湘西泡菜中分离出一株戊糖片球菌和一株植物乳杆菌,研究表明两种乳酸菌对食盐和亚硝酸盐均具有较好的耐受性,可用来制备肉制品用发酵剂。

1.6　益生菌在食品工业中的应用

1.6.1　益生菌在乳制品中的应用

乳制品是益生菌制剂应用最多和最为成熟的领域。在日本、欧美等发达国家,益生菌制剂及其发酵食品产业已高度成熟。第一款富含益生菌制剂的食品是由 Morinage Milk Industry 公司在 1971 年开发的酸乳制品,其中富含嗜热链球菌和长双歧杆菌两种益生菌。其后,Yakult 公司在 1978 年开发了益生菌液体酸奶,其中富含短双歧杆菌、嗜酸乳杆菌和两歧双歧杆菌三种益生菌。随后,美国 Mayfield 公司在 1987 年生产了添加有嗜酸乳杆菌和双歧杆菌两种益生菌的非发酵低脂乳制品。此后,世界各国纷纷开展了富含益生菌的乳制品的研制和生产。目前,日本、美国、加拿大等发达国家已开发出多种具有自主知识产权的益生菌及富含益生菌的乳制品。

我国益生菌及益生菌发酵产品的开发起步较晚。随着人们对益生菌保健功能的认识,近年来益生菌制剂及其发酵食品产业也逐渐受到国内科研工作者和企业家们的重视。内蒙古农业大学益生菌研究团队,已选育出多株具有我国独立知识产权且具有优良保健功能的益生菌菌株,并将这些益生菌菌株应用于发酵饮料的生产。江南大学的益生菌研发团队也筛选出多株具有自主知识产权的益生性乳酸菌,并与光明乳业股份有限公司合作,实现了益生菌发酵乳制品的开发和生产。哈尔滨工业大学研发团队也筛选了高产胞外多糖的嗜热链球菌并将其用于乳品发酵剂的开发。

在全球范围内,益生菌被广泛应用于乳制品、肉制品、果蔬发酵制品等行业中,产品不仅有液体制剂,也有益生菌片剂和胶囊等形式。目前益生菌的应用领域不断扩大,益生菌产品的市场也逐步成熟,产品销量逐年上升。市场调研表明,2008 年益生菌产品市场规模为 159 亿美元,在 2013 年产品市场规模增加到了 196 亿美元。目前我国的益生菌制剂及发酵食品市场已发展到多元化,并逐渐向专业化和产业化方向发展。

1.6.2 益生菌在果蔬发酵中的应用

(1)益生菌在发酵果蔬汁饮料中的应用

随着人们对益生菌健康功能的深入认识和果蔬加工业的快速发展,将植物乳杆菌等益生菌用于果蔬汁饮料的发酵生产也逐渐引起人们的重视。以具有保健功能的益生菌为菌种,通过微生物的发酵作用开发具有特定功能的发酵果蔬饮料,可延伸我国果蔬加工业的产业链条,使果蔬加工业向更深层次发展。日本、德国等发达国家非常重视益生菌果蔬汁发酵饮料的开发。据报道,自 2005 年以来日本大冢制药公司开发了以南瓜、甘薯及西红柿等 8 种蔬菜为原料,通过植物乳杆菌的发酵作用制备了益生菌混合发酵蔬菜汁饮料。Gardner 等人以肠膜明串珠菌、乳酸片球菌和植物乳杆菌三株益生菌为菌种,制备了甘蓝、胡萝卜、甜菜等蔬菜为原料的发酵蔬菜汁饮料。Kyung 等人以甘蓝汁为原料,采用保加利亚乳杆菌、干酪乳杆菌、植物乳杆菌三种菌株,制备了发酵甘蓝汁饮料。Filannino 等人以石榴为原料,以植物乳杆菌为菌种,制备了具有保健功能的发酵石榴汁饮料。

近年来,国内逐渐重视以益生菌为发酵剂的发酵果蔬汁饮料的研究和开发。张亚雄等人以保加利亚乳杆菌和嗜热链球菌两种益生菌为菌种,通过混合发酵制备了益生菌发酵果蔬汁饮料及益生菌果冻。丘裕等人以干酪乳杆菌和植物乳杆菌为发酵剂,以南瓜和火龙果为发酵原料,制备了益生菌混合发酵果蔬汁饮料。夏其乐等人以胡萝卜、杨梅、番茄三种果蔬为主要原料,通过保加利亚乳杆菌、嗜热链球菌和植物乳杆菌混合发酵制备了益生菌发酵果蔬汁饮料。邹玉红等人以苹果和胡萝卜为原料,以保加利亚乳杆菌和嗜热链球菌为菌种,通过混合发酵开发了益生菌发酵果蔬汁饮料。

(2)益生菌在发酵泡菜产品中的应用

早在 20 世纪 60 年代,人们就开始将肠膜明串珠菌等益生菌应用于泡菜的发酵生产。早在 1961 年,Pederson 等人就将扩大培养后制备的乳酸菌发酵剂应用于泡菜的发酵生产。考德威尔生物发酵股份有限公司在 1998 年获得了第一个以复合益生菌菌种为发酵剂生产泡菜的专利技术。Rodríguez-Gómez 等人以西班牙绿橄榄为原料,以两种戊糖乳杆菌制备的复合发酵剂制备了发酵绿橄榄泡菜产品。

我国益生菌发酵泡菜的研发开始于 20 世纪 90 年代末。1996 年,李幼筠等人首次利用自行分离出的干酪乳杆菌和短乳杆菌为益生菌发酵剂开发出泡菜产品。2004 年,蔡永峰等人采用真空冷冻干燥技术开发出了泡菜直投式复合菌粉。西南大学采用益生菌纯菌种发酵对四川传统泡菜生产工艺进行了改良,不仅缩短了发酵周期,而且提高了泡菜的感官品质。通过益生菌纯种发酵生产泡菜,不仅可缩短泡菜的生产周期,而且减少了有害微生物的繁殖,从根本上解决传统泡菜的食品安全性问题,显著提高了泡菜生产企业的效益。

第2章 辅助降胆固醇益生菌及其培养技术

乳酸菌是目前国内外研究和应用最广泛的益生菌。乳酸菌可以产生乳酸、过氧化氢等具有抗菌作用的物质,抑制肠道内致病性大肠杆菌等有害微生物的生长。有些乳酸菌还能产生细菌素,从而增强其对有害微生物的抑制作用。细菌素是一类由细菌产生的具有抑菌或杀菌作用的肽类物质,具有无毒副作用,不易产生耐药性等优势,已引起国内外的广泛关注。笔者的研究团队近十年来也从发酵酸菜等传统发酵食品中筛选出 3 株产广谱细菌素的乳酸菌,这些乳酸菌在产乳酸的同时,还产生具有抑菌作用的细菌素,因此具有更强的对有害微生物的抗菌能力,具有作为益生菌的潜能,因此为了更好地开发利用,团队进一步研究了其对胃及肠道不良环境的耐受能力和辅助降胆固醇的能力。

2.1 产细菌素乳酸菌辅助降胆固醇及益生特性研究

2.1.1 材料与方法

2.1.1.1 产细菌素的乳酸菌菌株

米酒乳杆菌 C_2(*Lactobacillus sake*):从传统发酵酸菜中分离,能产生对金黄色葡萄球菌、大肠杆菌等有抑制作用的广谱细菌素 Sakacin C_2。

格氏乳球菌 LG34(*Lactococcus garvieae* LG34):从发酵酸黄瓜中分离,能产生对大肠杆菌、枯草芽孢杆菌及金黄色葡萄球菌等具有较强抑制作用的广谱细菌素 Garviecin LG34。

肠膜明串珠菌 ZLG85(*Leuconostoc mesenteroides* ZLG85):从发酵酸黄瓜中分离,能产生对单细胞增生李斯特氏菌、金黄色葡萄球菌、藤黄八叠球菌、枯草芽孢杆菌等具有较强抑制作用的广谱细菌素 Mesentericin ZLG85。

2.1.1.2　主要培养基

MRS 液体培养基:杭州百思生物技术有限公司。

固体 MRS 培养基:在配制的 MRS 液体培养基中添加 1.6%～2.0%的琼脂。

胆固醇-MRS 液体培养基:0.3 g 胆固醇溶于 50 mL 乙醇中,微孔滤膜过滤,吸取 0.5 mL 加入到 9.5 mL 的 MRS 肉汤培养基中,灭菌。

2.1.1.3　主要仪器设备(表 2-1)

表 2-1　主要仪器设备

仪器型号	所用仪器	公司
LDZM-80KCs-Ⅲ	立式压力蒸汽灭菌锅	上海申安医疗器械厂
SW-CJ-2F	超净工作台	苏州市智拓净化设备科技有限公司
pHB-401	pH 计	上海天达仪器有限公司
SHP-160	智能生化培养箱	上海三发科学仪器有限公司
TU-1810	紫外分光光度计	北京普析通用仪器有限公司
TG16Ws	台式高速离心机	湘仪离心机仪器有限公司

2.1.1.4　菌株的活化及扩大培养

将保藏在-20℃甘油管中的米酒乳杆菌 C_2、格氏乳球菌 LG34 和肠膜明串珠菌 ZLG85 的菌种,室温融化,按照 5%的接种量接入到 10 mL 灭菌的 MRS 液体培养基中,30℃恒温静置培养 16～18 h。

将培养后的菌悬液按照 1%的接种量接入 50 mL 灭菌的 MRS 液体培养基中,30℃恒温静置培养 16～18 h。

2.1.1.5　菌株降解胆固醇能力测定

按照 5%的接种量将米酒乳杆菌 C_2、格氏乳球菌 LG34 和肠膜明串珠菌 ZLG85 的菌种菌悬液接种于含有胆固醇的 MRS-CHOL 培养基中,于 30℃恒温振荡培养箱 80～100 r/min 恒温振荡培养 72 h 后测定三株菌株降解胆固醇的能力。

降胆固醇能力测定具体方法:将 MRS-CHOL 培养基和三株菌的液体培养物分别摇匀,准确吸取 0.2 mL 于装有 4.8 mL 乙醇的离心管中,涡旋混匀 5 min,离心机离心(6000 r/min,5 min);离心后吸取上清液 2 mL 装于试管中,加入 2 mL 硫酸铁铵工作液,涡旋混匀,以 2 mL 乙醇中加入 2 mL 的硫酸铁铵工作液为空白,静置反应 30 min 后,用紫外可见分光光度计,在 560 nm 下测定样品的吸光度,并计算胆固醇的降解率。

胆固醇降解率(%)=(胆固醇总量-上清中胆固醇的量)/胆固醇总量(%)

2.1.1.6 菌株益生功能评价

(1)菌种耐酸性能力的测定

将米酒乳杆菌 C_2 和肠膜明串珠菌 ZLG85 扩大培养后的菌悬液,离心(6000 r/min,15 min),弃去上清液,将沉淀用无菌生理盐水洗涤 3 次,并悬浮于等体积的已灭菌的生理盐水中。将处理后的细胞悬浮液分别接入 pH 2 的磷酸盐缓冲液中,30℃静置培养 4 h。混匀后,取 1 mL 细胞悬浮液进行 10 倍梯度稀释,取 0.1 mL 的合适浓度的菌体稀释液涂布在预先制备的 MRS 固体培养基表面上,30℃培养 1~2 d,计数菌种的菌落数。

(2)菌种耐胆盐能力测定

将米酒乳杆菌 C_2 和肠膜明串珠菌 ZLG85 扩大培养后的菌悬液 10 mL,离心(6000 r/min,15 min),弃去上清液,将沉淀用无菌生理盐水洗涤 3 次,并悬浮于等体积的已灭菌的生理盐水中。将两株乳酸菌的细胞悬浮液接入到含有 0.1% 胆盐的已灭菌的 MRS 液体培养基中培养 4 h,取 1 mL 细胞悬浮液进行 10 倍梯度稀释,取 0.1 mL 的适宜稀释度的菌悬液涂布于已制备的 MRS 固体培养基上,30℃培养 1~2 d,计数长出的菌落数。

(3)菌株黏附能力评价

将米酒乳杆菌 C_2 和肠膜明串珠菌 ZLG85 两株乳酸菌扩大培养后的菌悬液 10 mL,离心(6000 r/min,15 min),弃去上清液,将沉淀用磷酸盐缓冲液(pH 6.8)洗涤菌体 3 次。用 pH 6.8 的磷酸盐缓冲液调整菌液浓度,使菌体悬浮液在 600 nm 下的 OD 值为 0.60±0.02。取 8 mL 的上述菌悬液加入 4 mL 的二甲苯,以磷酸盐缓冲液(pH 6.8)为空白对照,空白对照组不加二甲苯,在室温预培养 10 min,用涡旋混合器将该两相体系彻底混合 2 min,室温下静置 10~15 min 分层。取水相,采用紫外可见分光光度计测定样品在 600 nm 下的 OD 值,按照下述公式计算菌体的表面疏水率。

表面疏水率=(对照组 A_{600}-实验组 A_{600})/对照组 A_{600}×100%

(4)菌株抗菌能力评价

挑取 2 环斜面冰箱保藏的大肠杆菌和金黄色葡萄球菌的菌体培养物,接种到 10 mL LB 肉汤培养基中,37℃,100 r/min 恒温振荡培养 12~14 h。将保藏在

−20℃甘油管中的米酒乳杆菌 C_2 和肠膜明串珠菌 ZLG85 的菌种,室温融化,按照 5% 的接种量接入到 10 mL 灭菌的 MRS 液体培养基中,30℃恒温静置培养 16~18 h。采用双层琼脂扩散法测定两株乳酸菌的抑菌能力。

（5）产酸能力评价

将米酒乳杆菌 C_2 和肠膜明串珠菌 ZLG85 扩大培养后的细胞悬浮液按照 1% 的接种量,接种到改良的 MRS 液体培养基中,30℃发酵 24 h,6000 r/min 离心 10~15 min,测定发酵上清液中的总酸含量。

2.1.2　结果与分析

2.1.2.1　三株乳酸菌降胆固醇能力测定

按照 5% 的接种量将米酒乳杆菌 C_2、格氏乳球菌 LG34 和肠膜明串珠菌 ZLG85 的菌种菌悬液接种于含有胆固醇的 MRS-CHOL 培养基中,于 30℃恒温振荡培养箱 80~100 r/min 恒温振荡培养 72 h 后测定 3 株菌株降解胆固醇的能力,实验结果见表 2-2。

表 2-2　三株产细菌素乳酸菌降胆固醇能力测定

菌株编号	胆固醇降解率(%)
米酒乳杆菌 C_2	53.2±1.4
格氏乳球菌 LG34	20.3±0.5
肠膜明串珠菌 ZLG85	60.1±0.9

由表 2-2 可以看出,3 株乳酸菌中,肠膜明串珠菌 ZLG85 对胆固醇的降解率最高,达(60.1±0.9)%,其次是米酒乳杆菌 C_2,其胆固醇降解率达(53.2±1.4)%,这两株菌的胆固醇降解率均超过 50%,具有较强的降胆固醇能力,因此,后续实验对这两株菌进行耐酸耐胆盐、抗菌能力、黏附能力等益生功能评价。

2.1.2.2　耐酸耐胆盐的测定

（1）耐酸能力评价

正常人胃液的 pH 较低,微生物必须能耐受人体内胃酸和胆盐的不良环境,才可能在人体内发挥益生功能,因此实验考查了米酒乳杆菌 C_2 和肠膜明串珠菌 ZLG85 对 pH 2 环境的耐受情况,实验结果见表 2-3。

表 2-3　菌株耐酸能力

菌株	培养 0 h 菌落数 （CFU/mL）	培养 4 h 菌落数 （CFU/mL）	存活率（%）
米酒乳杆菌 C_2	8.9×10^8	6.4×10^8	71.9
肠膜明串珠菌 ZLG85	8.6×10^8	6.8×10^8	79.1

由表 2-3 可以看出，米酒乳杆菌 C_2 和肠膜明串珠菌 ZLG85 在 pH 2 培养 4 h 后，其存活率均大于 60%，因此具有较强的耐受酸的能力。

（2）耐胆盐能力评价

微生物必须要能够耐受人体肠道内胆盐的不良环境，才能在人体内存活，从而发挥其益生功能。人体小肠内的胆盐浓度一般在 0.03%～0.3%，因此实验考查了米酒乳杆菌 C_2 和肠膜明串珠菌 ZLG85 对 0.1%胆盐的耐受情况，实验结果见表 2-4。

表 2-4　菌株耐胆盐能力

检查项目	培养 0 h 菌落数 （CFU/mL）	培养 4 h 菌落数 （CFU/mL）	存活率（%）
米酒乳杆菌 C_2	8.9×10^8	7.8×10^8	84.6
肠膜明串珠菌 ZLG85	8.6×10^8	7.6×10^8	88.3

由表 2-4 可以看出，米酒乳杆菌 C_2 和肠膜明串珠菌 ZLG85 在 0.1%浓度的胆盐环境下 4 h 后，两株菌细胞的存活率均大于 80%，具有较强的耐受胆盐的能力。

2.1.2.3　抑菌能力测定

益生菌通常能抑制肠道内的致病菌，从而有益于宿主的肠道健康。因此实验以革兰氏阴性细菌大肠杆菌和革兰氏阳性细菌金黄色葡萄球菌为测试菌株，研究米酒乳杆菌 C_2 和肠膜明串珠菌 ZLG85 菌体培养液的抑菌能力，实验结果见表 2-5。

表 2-5　菌株抑菌能力

菌株	对大肠杆菌的抑菌圈直径（mm）	对金黄色葡萄球菌的抑菌圈直径（mm）
米酒乳杆菌 C_2	16.24 ± 0.60	23.74 ± 0.56
肠膜明串珠菌 ZLG85	19.36 ± 0.22	26.65 ± 0.42

由表 2-5 可以看出,米酒乳杆菌 C_2 和肠膜明串珠菌 ZLG85 培养液对革兰氏阳性细菌金黄色葡萄球菌和革兰氏阴性细菌大肠杆菌均有抑制作用,其中肠膜明串珠菌的抑菌作用大于米酒乳杆菌。

2.1.2.4　黏附能力评价

对于益生菌,应能够和肠道内的病原菌起到竞争性黏附作用,将已黏附的致病菌取代下来,从而对肠道疾病起到预防和治疗作用。目前研究表明细菌的疏水性与其对小肠上皮细胞的黏附力正相关。因此,实验通过测定米酒乳杆菌 C_2 和肠膜明串珠菌 ZLG85 的疏水性来评价其对肠道壁的黏附能力,菌株的疏水性能实验结果见表 2-6。

表 2-6　菌株的疏水性能

菌株	疏水率(%)
米酒乳杆菌 C_2	15.57±1.2
肠膜明串珠菌 ZLG85	31.40±1.8

由表 2-6 可知,米酒乳杆菌 C_2 的黏附能力小于 20%,疏水率较低,而肠膜明串珠菌 ZLG85 疏水率大于 30%。目前研究表明疏水率介于 20% 和 50% 为中度疏水,具有较强的对肠道壁黏膜的黏附能力。肠膜明串珠菌 ZLG85 的疏水率达到中度疏水,具有较强的肠道黏膜黏附能力。

2.1.2.5　产酸能力评价

米酒乳杆菌 C_2 和肠膜明串珠菌 ZLG85 按照 1% 的接种量,接种到改良的 MRS 液体培养基中发酵 24 h 后,测定发酵上清液中的总酸含量,实验结果见表 2-7。

表 2-7　菌株发酵上清液的总酸含量

菌株	总酸含量(%)
米酒乳杆菌 C_2	0.6±0.05
肠膜明串珠菌 ZLG85	1.13±0.08

由表 2-7 可以看出,米酒乳杆菌 C_2 的产酸能力较弱,而肠膜明串珠菌 ZLG85 在改良的 MRS 培养基中发酵 24 h 后,总酸含量大于 1.0%,具有较强的产酸能力。作为益生菌,产酸能力的高低是一个重要的评判标准,产酸能力高不仅

利于肠道有害微生物的抑制,还有利于后期果蔬产品的乳酸发酵作用。

2.1.3 小结

对产广谱细菌素的肠膜明串珠菌 ZLG85、格氏乳球菌 LG34 和米酒乳杆菌 C_2 进行了体外降胆固醇能力测定,结果表明肠膜明串珠菌 ZLG85 和米酒乳杆菌 C_2 两株菌株的胆固醇降解率超过 50%,具有较强的降胆固醇能力。

对肠膜明串珠菌 ZLG85 和米酒乳杆菌 C_2 进行益生功能评价的结果表明,肠膜明串珠菌 ZLG85 具有较强的耐酸耐胆盐、抗菌、黏附及产酸能力,具有作为辅助降胆固醇益生菌的潜能。

2.2 发酵食品原料中辅助降胆固醇益生菌的筛选

2.2.1 材料与方法

2.2.1.1 指示菌

金黄色葡萄球菌:中国科学院微生物研究所购买,巢湖学院食品工程实验保藏。

大肠杆菌:中国科学院微生物研究所购买,巢湖学院食品工程实验保藏。

2.2.1.2 主要培养基

MRS 液体培养基:杭州百思生物技术有限公司。

固体 MRS 培养基:在配制的 MRS 液体培养基中添加 1.6%~2% 的琼脂。

胆固醇-MRS 液体培养基:0.3 g 胆固醇溶于 50 mL 乙醇中,微孔滤膜过滤,吸取 0.5 mL 加入到 9.5 mL 的 MRS 肉汤培养基中,灭菌。

2.2.1.3 主要仪器设备(表 2-8)

表 2-8 主要仪器设备

仪器型号	所用仪器	公司
LDZM-80KCs-III	立式压力蒸汽灭菌锅	上海申安医疗器械厂
SW-CJ-2F	超净工作台	苏州市智拓净化设备科技有限公司

仪器型号	所用仪器	公司
pHB-401	pH 计	上海天达仪器有限公司
SHP-160	智能生化培养箱	上海三发科学仪器有限公司
TU-1810	紫外分光光度计	北京普析通用仪器有限公司
TG16Ws	台式高速离心机	湘仪离心机仪器有限公司

2.2.1.4　发酵食品中乳酸菌的分离

吸取 1 mL 酸奶、泡菜汁于制备的 9 mL 无菌水中,涡旋 1 min 进行充分混合;采用 10 倍浓度梯度稀释法进行稀释后,分别吸取合适稀释度的 3 个浓度稀释液 0.1 mL 于预先制备的 MRS-CaCO$_3$ 固体培养基的平板上,用无菌涂布棒涂布均匀,37℃ 条件下倒置培养 24 h。

用接种针挑取菌落生长良好且菌落周围具有明显溶解圈的单个菌落至 MRS 固体斜面上进行划线接种,37℃ 培养 24 h。将培养好的斜面菌种放于 4℃ 冰箱中保藏。

2.2.1.5　体外降胆固醇乳酸菌的初筛

将从酸奶及泡菜汁中分离出来的保藏菌种,挑取 2 环接种到已灭菌的 10 mL MRS 液体培养基中,37℃ 培养 16~18 h 进行活化。将活化的菌种按 5% 接种量接种到含有胆固醇的 MRS-CHOL 液体培养基中,1 株菌种接 1 瓶,37℃ 培养 72 h,测定胆固醇含量。

2.2.1.6　体外降胆固醇乳酸菌的复筛

挑取降胆固醇能力大于 30% 的菌株斜面保藏菌种 2 环接种到已灭菌的 10 mL MRS 液体培养基中,37℃ 培养 16~18 h 进行活化。将活化的菌种按 5% 接种量接种到含有胆固醇的 MRS-CHOL 液体培养基中,1 株菌株接 3 瓶,37℃ 培养 72 h,测定胆固醇含量。

降胆固醇能力测定具体方法:将 MRS-CHOL 培养基和三株菌的液体培养物分别摇匀,准确吸取 0.2 mL 于装有 4.8 mL 乙醇的离心管中,涡旋混匀 5 min,离心机离心(6000 r/min,5 min);离心后吸取上清液 2 mL 装于试管中,加入 2 mL 硫酸铁铵工作液,涡旋混匀,以 2 mL 乙醇中加入 2 mL 的硫酸铁铵工作液为空白,静置反应 30 min 后,用紫外可见分光光度计,在 560 nm 下测样品的吸光度,并计算胆固醇的降解率。

胆固醇降解率(%)=(胆固醇总量-上清中胆固醇的量)/胆固醇总量(%)

2.2.1.7 体外降胆固醇菌株的益生功能评价

(1)菌种耐酸性能力的测定

将筛选出的高效降胆固醇的菌株,进行扩大培养,将菌种菌悬液在 6000 r/min 离心 15 min,弃去上清液,收集沉淀,将沉淀用无菌生理盐水清洗 3 次,并重新悬浮于等体积的已灭菌的生理盐水中。将处理后的细胞悬浮液分别接入 pH 2 的磷酸盐缓冲溶液中,在 30℃静置培养 4 h。取 1 mL 细胞悬浮液,用 9 mL 的无菌水进行 10 倍梯度稀释,取 0.1 mL 合适浓度的菌体稀释液,涂布在预先制备的 MRS 固体培养基表面上,30℃培养 1~2 d,计数菌种的菌落数。

(2)菌种耐胆盐能力测定

将筛选出的高效降胆固醇的菌株,进行扩大培养,将菌种菌悬液在 6000 r/min 离心 15 min,弃去上清液,收集沉淀,将沉淀用无菌生理盐水清洗 3 次,并重新悬浮于等体积的已灭菌的生理盐水中。将制备的细胞悬浮液分别接入含有 0.1%胆盐的已灭菌的 MRS 液体培养基中培养 4 h,取 1 mL 细胞悬浮液进行 10 倍梯度稀释,取 0.1 mL 的适宜稀释度的菌悬液涂布于已制备的 MRS 固体培养基上,30℃培养 1~2 d,计数长出的菌落数。

(3)菌株黏附能力评价

将筛选出的高效降胆固醇的菌株,进行扩大培养,将菌种菌悬液在 6000 r/min 离心 15 min,弃去上清液,收集沉淀,将沉淀用磷酸盐缓冲液(pH 6.8)洗涤菌体 3 次。用 pH 6.8 的磷酸盐缓冲液调整菌液浓度,使菌体悬浮液在 600 nm 下的 OD 值为 0.60±0.02。取 8 mL 的上述菌悬液加入 4 mL 的二甲苯,以磷酸盐缓冲液(pH 6.8)为空白对照,空白对照组不加二甲苯,在室温预培养 10 min,用涡旋混合器将该两相体系彻底混合 2 min,室温下静置 10~15 min 分层。取水相,采用紫外可见分光光度计测定样品在 600 nm 下的 OD 值,按照下述公式计算菌体的表面疏水率。

表面疏水率=(对照组 A_{600}-实验组 A_{600})/对照组 A_{600}×100%

(4)菌株抗菌能力评价

挑取 2 环斜面冰箱保藏的大肠杆菌和金黄色葡萄球菌的菌体培养物,接种到 10 mL LB 肉汤培养基中,37℃,100 r/min 恒温振荡培养 12~14 h。将高效降胆固醇的菌种培养液,按照 5% 的接种量接入到 10 mL 灭菌的 MRS 液体培养基中,30℃恒温静置培养 16~18 h。采用双层琼脂扩散法测定三株乳酸菌的抑菌能力。

(5)产酸能力评价

将高效降胆固醇的乳酸菌扩大培养后的细胞悬浮液按照 1% 的接种量,接种到改良的 MRS 液体培养基中,30℃发酵 24 h,6000 r/min 离心 10~15 min,测定发酵上清液中的总酸含量。

2.2.1.8　菌种鉴定

(1)菌种形态鉴定

①菌株个体形态鉴定:将 L66 菌株的斜面菌体细胞制成水浸片并进行革兰氏染色实验,观察并记录细胞革兰氏染色颜色、细胞个体形态,排列方式及有无芽孢等;②菌株菌落特征观察:将 L66 菌株在 MRS 液体培养基中培养,将菌悬液进行 10 倍梯度稀释,吸取合适稀释度的菌悬液涂布在 MRS 固体培养基平板上,在 30℃培养 1~2 d,观察 L66 菌株菌落的大小、形态、透明度等形态特征。

(2)L66 菌株的生理生化实验

参照《伯杰氏细菌鉴定手册》,对筛选出的降胆固醇益生菌 L66 进行生理生化实验。

(3)L66 菌株 16S rDNA 序列分析

挑取 L66 号菌株的菌体于缓冲液(50 μL),80℃处理 15 min 变性后离心取上清液作为 PCR 反应的模板。使用菌种鉴定 PCR 试剂盒(TaKaRa 16S rDNA),进行目的片段 PCR 扩增,反应条件为:94℃预变性 5 min;94℃继续变性 1 min,降低温度至 55℃进行退火 1 min,72℃控温 1.5 min 进行 DNA 反应链的延伸,进行 30 次循环;最后在 72℃保温 5 min。切胶回收目的片段,进行 DNA 碱基序列测定。

2.2.2　结果与分析

2.2.2.1　体外降胆固醇乳酸菌的分离和筛选

将酸奶、酸菜汁中分离出菌落光滑湿润、生长良好且菌落周围形成明显溶解圈的单个菌落 120 株,进行体外降胆固醇能力的初筛,筛选出 16 株胆固醇降解率大于 30% 的菌株,将这些菌株进行体外降胆固醇能力的复筛,16 株菌株的体外胆固醇降解率见表 2-9。

表 2-9　菌株体外胆固醇降解率

菌株	胆固醇降解率(%)	菌株	胆固醇降解率(%)
L16	43.6	L66	64.3
L23	32.7	L74	41.9
L35	38.4	L83	55.2
L39	50.2	L90	37.5
L41	30.8	L94	44.7
L46	37.1	L103	42.4
L51	40.6	L110	35.3
L55	42.3	L115	45.7

由表 2-9 可见,体外胆固醇降解率大于 50% 的菌株有三株,分别是 L39、L66和 L83,具有较强的体外降胆固醇的能力,因此后续实验对这三株菌株的益生功能进行评价。

2.2.2.2　3 株菌益生功能评价

(1)3 株菌耐酸性能力的评价

微生物必须能耐受人体内胃酸的不良环境,在体内存活才可能发挥其整肠等益生功能,因此实验考查了 3 株体外胆固醇降解率大于 50% 的菌株 L39、L66和 L83 在 pH 2 条件下的存活情况,实验结果见表 2-10。

表 2-10　菌株耐酸能力

菌株	培养 0 h 菌落数(CFU/mL)	培养 4 h 菌落数(CFU/mL)	存活率(%)
L39	$1.12×10^9$	$0.76×10^9$	67.9
L66	$0.95×10^9$	$0.79×10^9$	83.1
L83	$1.04×10^9$	$0.75×10^9$	72.1

由表 2-10 可以看出,L39、L66 和 L83 三株菌在 pH 2 的条件下培养 4 h 后,其存活率均大于 65%,均具有较强的耐受酸的能力,耐酸性最强的为菌株 L66,在pH 2 的条件下培养 4 h 后其存活率人于 83.1%。

(2)3 株菌耐胆盐能力评价

在人体胃肠道内含有一定量的胆盐,人体小肠内胆盐浓度一般 0.03% ~0.3%,微生物必须要耐受胆盐的不良环境,才能在体内存活,因此实验考查了 3株菌 L39、L66 和 L83 对 0.1% 胆盐的耐受情况,实验结果见表 2-11。

表 2-11　三株菌耐胆盐能力

菌株	培养 0 h 菌落数（CFU/mL）	培养 4 h 菌落数（CFU/mL）	存活率（%）
L39	$1.18×10^9$	$1.01×10^9$	85.6
L66	$1.02×10^9$	$0.94×10^9$	92.2
L83	$0.96×10^9$	$0.80×10^9$	83.3

由表 2-11 可以看出，三株菌 L39、L66 和 L83 在 0.1%浓度的胆盐环境下 4 h 后，细胞的存活率均大于 80%，其中耐胆盐能力最强的是 L66 菌株，存活率可达 90%以上。

（3）3 株菌抗菌能力评价

微生物抗菌能力的高低可决定其对肠道致病菌的抑制能力，因此实验以革兰氏阴性细菌大肠杆菌和革兰氏阳性细菌金黄色葡萄球菌为测试菌株，研究了 L39、L66 和 L83 3 株菌菌体培养液的抑菌能力，实验结果见表 2-12。

表 2-12　三株菌株的抗菌能力

菌株	对大肠杆菌的抑菌圈直径（mm）	对金黄色葡萄球菌的抑菌圈直径（mm）
L39	16.34	24.62
L66	21.82	28.40
L83	19.60	25.38

由表 2-12 可以看出，三株菌培养液对革兰氏阳性细菌金黄色葡萄球菌和革兰氏阴性细菌大肠杆菌均有较强的抑制作用，其对革兰氏阳性细菌金黄色葡萄球菌的抑菌作用大于对革兰氏阴性细菌大肠杆菌的抑菌作用。

（4）3 株菌黏附能力评价

作为益生菌应具有较强的对肠道黏膜的黏附能力，这种能力使其能竞争性黏附到肠道壁上，取代已黏附的致病菌，从而对肠道疾病起到预防和治疗作用。目前研究表明能通过细胞表面的疏水性来评价对小肠上皮细胞的黏附力。实验测定了 3 株菌 L39、L66 和 L83 的疏水性，实验结果见表 2-13。

表 2-13　三株菌的疏水性能

菌株	疏水率（%）
L39	18.76
L66	35.82
L83	25.43

由表 2-13 可知，三株菌 L39、L66 和 L83 中疏水率最高的是 L66 菌株，大于

30%；其次是 L83 菌株，大于 25%；而 L39 菌株的疏水性最差，疏水率小于 20%。研究表明疏水率介于 20% 和 50% 为中度疏水，具有较强的对肠道壁黏膜的黏附能力。L66 和 L83 菌株的疏水率达到中度疏水，具有较强的肠道黏膜黏附能力。

（5）三株菌产酸能力评价

产酸能力的高低是益生菌一个重要的评判标准，益生菌产酸能力高有利于对肠道有害微生物的抑制。因此实验研究了三株菌的产酸能力，实验结果见表 2-14。

表 2-14　三株菌发酵上清液的总酸含量

菌株	总酸含量（%）
L39	0.82±0.04
L66	1.05±0.07
L83	0.74±0.05

由表 2-14 可以看出，三株菌产酸能力最强的是 L66 菌株，在 MRS 培养基中发酵 24 h 后，菌株的总酸含量均大于 1.0%，具有较强的产酸能力。较强的产酸能力可使益生菌具有较强的抑制肠道有害微生物的能力，也有利于在益生菌发酵食品生产中产生大量的有机酸。

综合降胆固醇菌株的筛选和益生功能评价可以看出，L66 菌株降胆固醇能力最强，胆固醇降解率为 64.3%，而且具有较强的耐酸、耐胆盐能力，其抑菌性能和黏附能力最强，因此 L66 作为筛选出来的高效降胆固醇益生菌，对其进行菌种鉴定。

2.2.2.3　菌种的鉴定

（1）菌种形态鉴定

①菌株个体形态鉴定。

将 L66 菌株的斜面菌体细胞制成水浸片并进行革兰氏染色实验，实验结果见图 2-1。

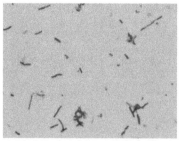

图 2-1　L66 菌株个体显微形态

由图 2-1 可以看出,L66 菌株细胞的革兰氏染色实验结果呈阳性,细胞形态为杆状。无芽孢,不产荚膜。

②菌株菌落特征。

将 L66 菌株在 MRS 液体培养基中培养,将菌悬液进行 10 倍梯度稀释,吸取合适稀释度的菌悬液涂布在 MRS 固体培养基平板上,在 30℃培养 1~2 d,观察 L66 菌株菌落的大小、形态、透明度等形态特征,结果见图 2-2。

图 2-2　L66 菌株菌落特征

由图 2-2 可见,在 MRS 固体培养基平板上,L66 菌株的菌落直径为 0.5~1.5 mm,圆形。乳白色,不透明,有一定的光泽,菌落扁平且边缘整齐。

(2)L66 菌株的生理生化实验

参照《伯杰氏细菌鉴定手册》,对筛选出的降胆固醇益生菌 L66 进行生理生化实验,实验结果见表 2-15。

表 2-15　L66 菌株生理生化实验鉴定结果

反应物种类	反应结果	反应物种类	反应结果
阿拉伯糖	−	麦芽糖	+
鼠李糖	−	苦杏仁苷	+
糊精	−	硫化氢	−
乳糖	−	V-P 试验	−
甘露醇	−	过氧化氢酶试验	
山梨醇	+	Kovacs 试验	−
蔗糖	+	甲基红试验	+
葡萄糖	+	硝酸盐还原试验	+

注:"+":阳性反应;"−":阴性反应。

由表 2-15 可以看出,将 L66 菌株的生理生化实验结果与《伯杰氏细菌鉴定手册》和《乳酸菌鉴定手册》进行对照,其结果与乳杆菌属的细菌生化反应相一致,因此将 L66 菌株鉴定为乳杆菌属。

(3)L66 菌株分子生物学鉴定

菌株的 16S rDNA 部分序列解析得到的基因序列为:

tgggatcatg	gctcaggacg	aacgctggcg	gcgtgcctaa	tacatgcaag	tcgagcgagc
tgaaccaaca	gattcacttc	ggtgatgacg	ttgggaacgc	gagcggcgga	tgggtgagta
acacgtgggg	aacctgcccc	atagtctggg	ataccacttg	gaaacaggtg	ctaataccgg
ataagaaagc	agatcgcatg	atcagcttat	aaaaggcggc	gtaagctgtc	gctatgggat
ggccccgcgg	tgcattagct	agttggtagg	gtaacggcct	accaaggcaa	tgatgcatag
ccgagttgag	agactgatcg	gccacattgg	gactgagaca	cggcccaaac	tcctacggga
ggcagcagta	gggaatcttc	cacaatggac	gaaagtctga	tggagcaacg	ccgcgtgagt
gaagaaggtt	ttcggatcgt	aaagctctgt	tgttggtgaa	gaaggataga	ggtagtaact
ggcctttatt	tgacggtaat	caaccagaaa	gtcacggcta	actacgtgcc	agcagccgcg
gtaatacgta	ggtggcaagc	gttgtccgga	tttattgggc	gtaaagcgag	cgcaggcgga
agaataagtc	tgatgtgaaa	gccctcggct	taaccgagga	actgcatcgg	aaactgtttt
tcttgagtgc	agaagaggag	agtggaactc	catgtgtagc	ggtggaatgc	gtagatatat
ggaagaacac	cagtggcgaa	ggcggctctc	tggtctgcaa	ctgacgctga	ggctcgaaag
catgggtagc	gaacaggatt	agatacctg	gtagtccatg	ccgtaaacga	tgagtgctaa
gtgttgggag	gtttccgcct	ctcagtgctg	cagctaacgc	attaagcact	ccgcctgggg
agtacgaccg	caaggttgaa	actcaaagga	attgacgggg	gcccgcacaa	gcggtggagc
atgtggttta	attcgaagca	acgcgaagaa	ccttaccagg	tcttgacatc	tagtgcaatc
cgtagagata	cggagttccc	ttcggggaca	ctaagacagg	tggtgcatgg	ctgtcgtcag
ctcgtgtcgt	gagatgttgg	gttaagtccc	gcaacgagcg	caacccttgt	cattagttgc
cagcattaag	ttgggcactc	taatgagact	gccggtgaca	aaccggagga	aggtggggat
gacgtcaagt	catcatgccc	gttaagtccc	gggctacaca	cgtgctacaa	tggacagtac
aacgaggagc	aagcctgcga	aggcaagcga	atctcttaaa	gctgttctca	gttcggactg
cagtctgcaa	ctcgactgca	cgaagctgga	atcgctagta	atcgcggatc	agcacgccgc
ggtgaatacg	ttcccgggcc	ttgtacacac	cgcccgtcac	accatgggag	cagctaacgc
ccaaagccgg	tggcctaacc				

将菌株测序结果在 NCBI 网站上用 BLAST 功能搜索,与乳杆菌属乳酸菌菌种的 16SrDNA 基因序列进行同源性比对分析。结果表明菌株与嗜酸乳杆菌标准菌株(*Lactobacillus acidophilus* ATCC4356)的同源性为 99.45%,因此将菌株 L66 鉴定为嗜酸乳杆菌。

2.2.3 小结

从发酵食品中分离筛选出一株胆固醇降解率为 64.3% 且具有较强的耐酸、耐胆盐能力、具有较强的抑菌性能和黏附能力的 L66 菌株。

经形态、生理生化和 16S rDNA 序列分析,将 L66 菌株鉴定为嗜酸乳杆菌。

2.3 嗜酸乳杆菌 L66 辅助降胆固醇益生菌菌体培养技术研究

为了更好地发挥降胆固醇益生菌的保健功能,必须通过现代培养技术获得大量的益生菌活细胞。高密度培养技术是目前获得高活性益生菌的有效方法。高密度培养技术是指通过培养基及培养方式使微生物菌体在液体培养基中培养后的细胞密度达到常规菌体培养的 10 倍以上的培养技术。

前期试验从筛选到具有体外降胆固醇功能的益生菌嗜酸乳杆菌 L66 和肠膜明串珠菌 ZLG85。为了更好地发挥两株乳酸菌的益生作用,获得大量的活细胞,试验以营养肉汤为基础培养基,对嗜酸乳杆菌 L66 和肠膜明串珠菌 ZLG85 的培养基进行了研究和优化。

2.3.1 材料与方法

2.3.1.1 菌种

嗜酸乳杆菌 L66:从发酵食品中分离的具有体外降胆固醇功能的益生菌,于巢湖学院食品工程实验室保藏。

2.3.1.2 实验试剂

盐酸、氢氧化钠、氯化钠,均为分析纯试剂。MRS 培养基,北京奥博星生物技术有限公司。

2.3.1.3 主要仪器设备(表 2-16)

表 2-16 主要仪器设备

仪器型号	所用仪器	公司
SW-CJ-2F	超净工作台	苏州市智拓净化设备科技有限公司
DZM-80KCs-III	立式压力蒸汽灭菌锅	上海申安医疗器械厂

续表

仪器型号	所用仪器	公司
pHB-401	pH 计	上海天达仪器有限公司
TU-1810	紫外分光光度计	北京普析通用仪器有限公司
SHP-160	智能生化培养箱	上海三发科学仪器有限公司
TG16Ws	台式高速离心机	湘仪离心机仪器有限公司

2.3.1.4　降胆固醇益生菌的活化及培养

用接种环挑取冰箱保藏的嗜酸乳杆菌 L66 的斜面保藏菌种 1~2 环,接入 MRS 液体培养基中,30℃恒温静置培养 14~16 h,按照 1%的接种量接入 MRS 液体培养基中,30℃静置培养 14~16 h 备用。

2.3.1.5　降胆固醇益生菌嗜酸乳杆菌 L66 培养基的优化

（1）嗜酸乳杆菌 L66 培养基的单因素实验

①碳源种类及其浓度对嗜酸乳杆菌 L66 菌体生长的影响。

以营养肉汤培养基为基础培养基,添加 2%的果糖、葡萄糖、蔗糖、乳糖、淀粉作为碳源,接种量 1%,在 30℃静置培养 16 h,测定碳源种类对嗜酸乳杆菌 L66 菌体生长的影响。

在确定最佳碳源的基础上,研究 0.5%、1.0%、1.5%、2.0% 和 2.5%的碳源对嗜酸乳杆菌 L66 菌体生长的影响。

②氮源种类及其浓度对嗜酸乳杆菌 L66 菌体生长的影响。

以营养肉汤培养基为基础培养基,分别以 1%的豆粕粉、酵母浸粉、蛋白胨、硫酸铵和硝酸铵替代其中的氮源,接种量 1%,在 30℃静置培养 16 h,培养后测定其对嗜酸乳杆菌 L66 菌体生长的影响。

在确定的最佳氮源的基础上研究 0.5%、1.0%、1.5%、2.0% 和 2.5%的氮源对嗜酸乳杆菌 L66 菌体生长的影响。

③无机盐种类及其浓度对嗜酸乳杆菌 L66 菌体生长的影响。

在营养肉汤培养基中分别添加 0.2‰的磷酸氢二钾、硫酸锰、硫酸镁、氯化铁及硫酸铜,接种量 1%,在 30℃静置培养 16 h,培养后测定其对嗜酸乳杆菌 L66 菌体生长的影响。

在确定的最佳无机盐的基础上研究 0.2‰、0.4‰、0.6‰、0.8‰ 和 1.0‰无机盐对嗜酸乳杆菌 L66 菌体生长的影响。

④农畜产品及副产物对嗜酸乳杆菌 L66 菌体生长的影响。

在营养肉汤培养基中分别添加 2% 的番茄汁、脱脂乳、糖蜜、麸皮浸提液和啤酒废酵母水解液,在 30℃ 静置培养 16 h,培养后测定农畜产品及副产物对嗜酸乳杆菌 L66 菌体生长的影响。

番茄汁的制备:将番茄切成小块,榨汁,用四层纱布过滤。

麸皮浸提液的制备方法:将麸皮加入重量 5 倍的水,在 50℃ 浸提 2 h,过滤,取滤液制备成麸皮浸出液。

啤酒废酵母水解液的制备方法:将干燥的啤酒废酵母加入重量 10 倍的水,采用超声细胞破碎仪破碎 10 min,在 50℃ 处理 5 h,离心取上清液制备成酵母浸提液。

在确定的最佳天然营养物的基础上研究 1%、2%、3%、4%、5% 的天然营养物浓度对嗜酸乳杆菌 L66 菌体生长的影响。

(2)降胆固醇益生菌嗜酸乳杆菌 L66 培养基的正交实验

在单因素实验的基础上,进行四因素三水平的正交实验进行降胆固醇益生菌嗜酸乳杆菌 L66 培养基的优化。

2.3.1.6　嗜酸乳杆菌 L66 培养条件的优化

(1)嗜酸乳杆菌 L66 培养条件的单因素实验

①初始 pH 对嗜酸乳杆菌 L66 生长的影响。

在优化的培养基中,将培养基的初始 pH 调整到 4.5、5.0、5.5、6.0、6.5 和 7.0,在 30℃ 恒温静置培养 16 h,测定嗜酸乳杆菌 L66 的生长量。

②接种量对嗜酸乳杆菌 L66 生长的影响。

在优化的培养基中,分别接种 0.5%、1.0%、1.5%、2.0%、2.5% 和 3.0%,在 30℃ 恒温静置培养 16 h,测定嗜酸乳杆菌 L66 的生长量。

③培养温度对嗜酸乳杆菌 L66 生长的影响。

将降胆固醇益生菌嗜酸乳杆菌 L66 活化后的菌悬液,按照 1% 的接种量接入优化的培养基中,分别在 25℃、30℃、35℃、40℃ 和 45℃ 恒温静置培养 16 h,测定嗜酸乳杆菌 L66 的生长量。

④培养时间对嗜酸乳杆菌 L66 生长的影响。

按照 1% 的接种量,将嗜酸乳杆菌 L66 活化后的菌悬液接入优化的培养基中,在 35℃ 静置培养 6 h、10 h、14 h、18 h、22 h、26 h,测定嗜酸乳杆菌 L66 的生长量。

（2）嗜酸乳杆菌 L66 培养条件的正交试验

在嗜酸乳杆菌 L66 培养条件单因素实验的基础上，进行四因素三水平的正交实验，确定嗜酸乳杆菌 L66 最佳的培养条件。

2.3.1.7　降胆固醇益生菌生长量的测定

采用平板计数法测定降胆固醇益生菌活菌数。将降胆固醇益生菌的菌悬液进行 10 倍梯度稀释，取 0.1 mL 合适的 3 个稀释度的菌悬液，涂布在制备好的 MRS 固态培养基平板表面，37℃ 倒置培养 24 h，计数固态平板表面生长的菌落数，乘以稀释倍数，即为菌体活细胞数。

2.3.2　结果与分析

2.3.2.1　降胆固醇益生菌嗜酸乳杆菌 L66 培养基的单因素实验

（1）碳源种类及其浓度对嗜酸乳杆菌 L66 生长的影响
①碳源种类对嗜酸乳杆菌 L66 生长的影响。

在微生物体内的含碳量约占到细胞干重的 50%，微生物生长能利用的碳源种类较多，但不同微生物所需要的最适碳源有很大差异，实验研究了不同碳源对嗜酸乳杆菌 L66 生长的影响，实验结果见图 2-3。

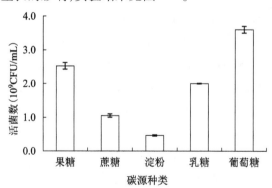

图 2-3　碳源种类对嗜酸乳杆菌 L66 生长的影响

由图 2-3 可知，以营养肉汤为基础培养基时，碳源对嗜酸乳杆菌 L66 的生长影响显著，其中葡萄糖最利于嗜酸乳杆菌 L66 菌体的生长，其次为果糖和乳糖，蔗糖和淀粉不利于嗜酸乳杆菌 L66 的生长，因此选择葡萄糖为嗜酸乳杆菌 L66 培养的最适碳源。

②葡萄糖添加量对嗜酸乳杆菌 L66 生长的影响。

一定的碳源浓度可促进乳酸菌的生长,但当碳源浓度过高导致培养基的渗透压提高,对微生物的生长可能会产生影响,因此实验研究了碳源浓度对嗜酸乳杆菌 L66 生长的影响,实验结果见图 2-4。

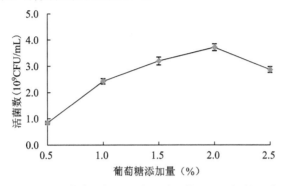

图 2-4　葡萄糖添加量对嗜酸乳杆菌 L66 生长的影响

由图 2-4 可知,葡萄糖添加量对嗜酸乳杆菌 L66 的生长影响显著,当葡萄糖添加量在 0.5%~2% 时,随着葡萄糖添加量的增大,嗜酸乳杆菌 L66 的活细胞数逐渐提高,葡萄糖浓度为 2.0% 的培养基中活菌数最高,当葡萄糖浓度大于 2% 时,嗜酸乳杆菌 L66 的活菌数呈现下降趋势,这可能是由于葡萄糖浓度过高,导致代谢产酸过多,影响了某些与菌体生长有关的酶的活性,从而抑制了菌体的生长。

因此嗜酸乳杆菌 L66 培养的适宜葡萄糖添加量为 2.0%。

(2)氮源种类和浓度对嗜酸乳杆菌 L66 生长的影响

①氮源种类对嗜酸乳杆菌 L66 生长的影响。

微生物在生长和代谢过程中需要大量的含氮的物质,这些含氮物质可以构成细胞内蛋白质、核酸等结构。研究表明细胞内的氮约占细菌细胞干重的 12%~15%。微生物能利用的含氮物质包括无机氮和有机氮两种类型。不同微生物对氮源的利用情况有明显差异,因此实验研究了嗜酸乳杆菌 L66 对不同氮源的利用情况,实验结果见图 2-5。

菌体在生长时需要大量的氮源,可以用来合成细胞结构中的蛋白质和核酸等物质。由图 2-5 可知,氮源的种类对嗜酸乳杆菌 L66 的生长影响显著,酵母浸粉和蛋白胨中含有氨基酸等益生菌生长需要的氮源,嗜酸乳杆菌 L66 的活菌数显著高于添加硫酸铵和硝酸铵等无机氮源的培养基。豆粕粉中以大分子蛋白质为主,氨基酸含量较低,因此确定酵母浸粉为嗜酸乳杆菌 L66 生长所

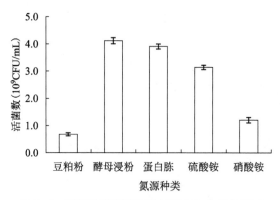

图 2-5　氮源种类对嗜酸乳杆菌 L66 生长的影响

需的最佳氮源。

②酵母浸粉添加量对嗜酸乳杆菌 L66 生长的影响。

由图 2-6 可知,酵母浸粉添加量在 0.5%~1.0% 的范围内,嗜酸乳杆菌 L66 活菌数呈上升趋势,但当酵母浸粉添加量大于 1.0% 时,嗜酸乳杆菌 L66 的活菌数则呈下降的趋势,因此选择酵母浸粉添加量 1.0% 作为嗜酸乳杆菌 L66 适宜的氮源浓度。

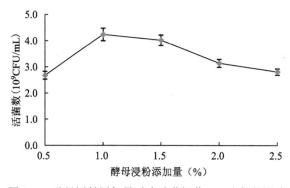

图 2-6　酵母浸粉添加量对嗜酸乳杆菌 L66 生长的影响

(3)无机盐种类和浓度对嗜酸乳杆菌 L66 生长的影响

①无机盐种类对嗜酸乳杆菌 L66 生长的影响。

无机盐是微生物生长必须的营养物质,具有构成细胞内的结构成分,调节细胞的生理代谢和酶的活性等多种功能,实验研究了无机盐对嗜酸乳杆菌 L66 生长的影响,实验结果见图 2-7。

微生物生长及代谢需要无机盐来构成细胞的结构成分,调节微生物的生理及代谢,作为酶的激活剂等。由图 2-7 可知,无机盐种类对嗜酸乳杆菌 L66 的生

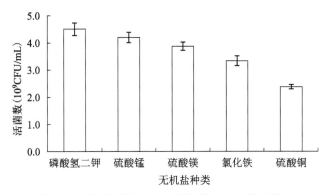

图 2-7   无机盐种类对嗜酸乳杆菌 L66 生长的影响

长影响显著。添加磷酸氢二钾后菌体的活菌数最大,其次是硫酸锰,添加硫酸铜后细胞的生长量最低,可能是由于磷酸氢二钾中的磷和钾离子能弥补基础培养基中两种离子的缺乏,同时磷酸氢二钾在菌体生长代谢产酸的过程中可以起到一定的调节 pH 的作用,因此嗜酸乳杆菌 L66 生长的适宜无机盐为磷酸氢二钾。

②磷酸氢二钾浓度对嗜酸乳杆菌 L66 生长的影响。

磷酸氢二钾中含有微生物需要的宏量元素 P 和 K,在培养基中含量少不能满足微生物生长的需要,含量过大可能会抑制微生物的生长,因此实验研究了磷酸氢二钾添加量对嗜酸乳杆菌生长的影响,实验结果见图 2-8。

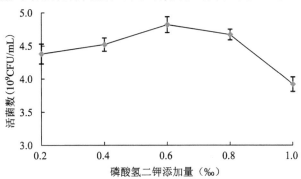

图 2-8   磷酸氢二钾添加量对嗜酸乳杆菌 L66 生长的影响

由图 2-8 可知,磷酸氢二钾浓度对嗜酸乳杆菌 L66 生长的影响显著,在磷酸氢二钾添加量为 0.2‰~0.6‰时,随着磷酸氢二钾浓度的增大,嗜酸乳杆菌 L66 的活细胞数逐渐提高,随着磷酸氢二钾浓度的继续增大,嗜酸乳杆菌 L66 的生长量不再提高,呈现下降的趋势。因此嗜酸乳杆菌 L66 培养适宜的磷酸氢二钾浓度为 0.6‰。

（4）农畜产品及副产物种类及浓度对嗜酸乳杆菌 L66 生长的影响

①农畜产品及副产物种类对嗜酸乳杆菌 L66 生长的影响。

番茄、牛乳、糖蜜、麸皮及废酵母等农畜产品及其加工副产物中含有大量微生物生长需要的碳源、氮源、维生素等营养物质,实验研究了五种农畜产品及副产物对嗜酸乳杆菌生长的影响,实验结果见图 2-9。

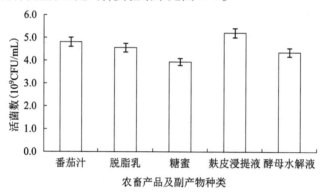

图 2-9　农畜产品及副产物种类对嗜酸乳杆菌 L66 生长的影响

由图 2-9 可知,农畜产品及副产物种类对嗜酸乳杆菌 L66 的生长影响显著。添加麸皮浸提液后嗜酸乳杆菌 L66 菌体的活菌数最大,其次是番茄汁,添加糖蜜后细胞的生长量最低。麸皮浸提液中富含大量的磷、钙、钾、镁及锌等无机盐和维生素 E 和 B 族维生素等营养成分,能促进益生菌的生长。因此嗜酸乳杆菌 L66 生长的适宜添加物为麸皮浸提液。

②麸皮浸提液添加量对嗜酸乳杆菌 L66 生长的影响(图 2-10)。

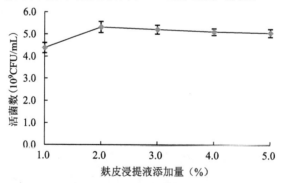

图 2-10　麸皮浸提液添加量对嗜酸乳杆菌 L66 生长的影响

由图 2-10 可知,麸皮浸提液添加量对嗜酸乳杆菌 L66 的生长有促进作用。在麸皮浸提液添加量为 1%～2%的培养基中,嗜酸乳杆菌 L66 活菌数呈增加的趋势,当麸皮浸提液添加量大于 2%时,嗜酸乳杆菌 L66 的活菌数不再增加,反而呈现下降的趋势,因此选择麸皮浸提液的适宜添加量为 2%。

2.3.2.2　嗜酸乳杆菌 L66 培养基的正交实验

根据嗜酸乳杆菌 L66 培养基单因素实验的结果,采用 4 因素 3 水平的正交实验,实验设计见表 2-17,实验结果见表 2-18。

表 2-17　培养基优化正交实验设计表

水平	A:葡萄糖添加量(%)	B:酵母浸粉添加量(%)	C:磷酸氢二钾添加量(‰)	D:麸皮浸提液添加量(%)
1	1.5	0.5	0.4	1
2	2.0	1.0	0.6	2
3	2.5	1.5	0.8	3

表 2-18　培养基优化正交实验结果

试验号	A	B	C	D	活细胞数(10^9 CFU/mL)
1	1	1	1	1	3.6
2	1	2	2	2	4.8
3	1	3	3	3	6.4
4	2	1	2	3	4.2
5	2	2	3	1	5.6
6	2	3	1	2	7.7
7	3	1	3	2	3.1
8	3	2	1	3	3.9
9	3	3	2	1	5.3
k_1	4.9	3.6	5.1	4.8	
k_2	5.8	4.8	4.8	5.2	
k_3	4.1	6.5	5.0	4.8	
R	1.7	2.9	0.3	0.4	

由表 2-18 可以看出,各因素对嗜酸乳杆菌 L66 生长的影响次序依次是酵母浸粉添加量>葡萄糖添加量>麸皮浸提液添加量>磷酸氢二钾添加量。最佳培养基配方为 $A_2B_3C_1D_2$,此配方为正交实验的第 6 组配方,因此不需要进行验证实验。

根据正交实验所获得的最优组合培养基成分,即葡萄糖添加量 2.0%、酵母浸粉添加量 1.5%、磷酸氢二钾添加量 0.4‰、麸皮浸提液添加量 2%。

2.3.2.3 嗜酸乳杆菌 L66 培养条件的单因素实验

(1)初始 pH 对嗜酸乳杆菌 L66 菌体生长的影响(图 2-11)

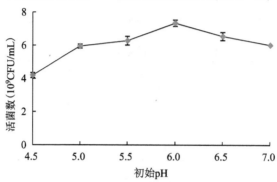

图 2-11　初始 pH 对嗜酸乳杆菌 L66 菌体生长的影响

培养基的 pH 会影响营养物质的离子化程度,影响微生物对营养物质的吸收,影响代谢反应中各种酶的活性等,从而影响微生物的生长及代谢。由图 2-11 可以看出,培养基的初始 pH 对嗜酸乳杆菌 L66 菌体的生长影响显著,在 pH 4.5~6.0 范围内,随着培养基初始 pH 的升高,嗜酸乳杆菌 L66 菌体的活细胞数显著增大,当培养基的初始 pH 大于 6.0 时,嗜酸乳杆菌 L66 菌体的生长量不再增大,甚至显著下降,因此,确定嗜酸乳杆菌 L66 菌体生长的适宜 pH 为 6.0。

(2)接种量对嗜酸乳杆菌 L66 菌体生长的影响(图 2-12)

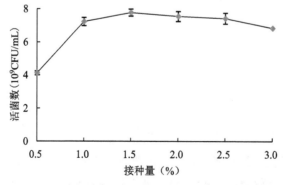

图 2-12　接种量对嗜酸乳杆菌 L66 菌体生长的影响

由图 2-12 可知,嗜酸乳杆菌 L66 菌体的接种量对其生长的影响显著,在接种量小于 1.5% 时,随着接种量的提高,嗜酸乳杆菌 L66 菌体活细胞数显著增大,当接种量大于 1.5% 时,嗜酸乳杆菌 L66 菌体的活细胞数不再增加,甚至呈现下降的趋势,可能是由于接种量过大时,菌体生长速度快,过早进入衰亡期,影响了菌体生长,因此,通过单因素实验确定嗜酸乳杆菌 L66 菌体生长的适宜接种量为 1.5%。

(3)培养温度对嗜酸乳杆菌 L66 菌体生长的影响(图 2-13)

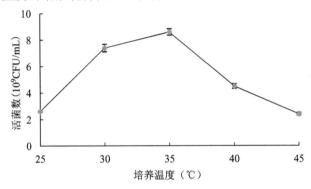

图 2-13　培养温度对嗜酸乳杆菌 L66 菌体生长的影响

由图 2-13 可以看出,培养温度对嗜酸乳杆菌 L66 菌体的生长影响显著,当培养温度在 25~35℃ 时,随着培养温度的升高,嗜酸乳杆菌 L66 菌体的活细胞数量显著增大,当培养温度大于 35℃ 时,随着培养温度的升高,嗜酸乳杆菌 L66 菌体的活细胞数显著下降,这是由于温度过高,影响了与菌体生长和代谢有关酶的活性,导致菌体生长量下降,嗜酸乳杆菌 L66 适宜的培养温度为 35℃。

(4)培养时间对嗜酸乳杆菌 L66 菌体生长的影响(图 2-14)

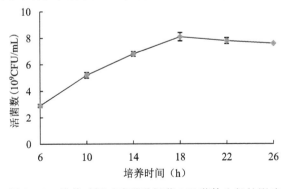

图 2-14　培养时间对嗜酸乳杆菌 L66 菌体生长的影响

由图 2-14 可知,培养时间对嗜酸乳杆菌 L66 菌体生长的影响显著,培养时间在6~18 h时,随着培养时间的延长,嗜酸乳杆菌L66菌体活细胞数逐渐提高,当培养时间大于18 h时,随着培养时间的延长,嗜酸乳杆菌L66菌体活细胞数不再增加,因此,嗜酸乳杆菌L66菌体生长的适宜培养时间为18 h。

2.3.2.4 嗜酸乳杆菌L66培养条件的正交实验

根据嗜酸乳杆菌L66培养条件的单因素实验,采用4因素3水平的正交实验优化嗜酸乳杆菌L66菌种的培养条件,正交实验设计见表2-19,正交实验结果见表2-20。

表2-19 嗜酸乳杆菌L66培养条件正交实验设计

水平	A: 初始pH	B: 接种量(%)	C: 培养温度(℃)	D: 培养时间(h)
1	5.5	1.0	33	16
2	6.0	1.5	35	18
3	6.5	2.0	37	20

表2-20 嗜酸乳杆菌L66培养条件正交实验结果

试验号	A	B	C	D	活细胞数 (10^9 CFU/mL)
1	1	1	1	1	6.2
2	1	2	2	2	8.1
3	1	3	3	3	9.6
4	2	1	2	3	8.7
5	2	2	3	1	10.5
6	2	3	1	2	7.4
7	3	1	3	2	5.8
8	3	2	1	3	9.2
9	3	3	2	1	7.0
k_1	7.97	6.90	7.60	7.90	
k_2	8.87	9.27	7.93	7.10	
k_3	7.33	8.00	8.63	9.17	
R	1.54	2.37	1.03	2.07	

由表2-20可以看出,培养条件对嗜酸乳杆菌L66生长影响的主次顺序依次是接种量>培养时间>初始pH>培养温度。由正交实验确定的嗜酸乳杆菌L66的最佳培养条件为$A_2B_2C_3D_3$,由于该培养条件不在正交实验的9组条件中,因此需要对嗜酸乳杆菌L66的培养条件进行验证。

在正交实验所确定的最优培养条件下,即在初始 pH 为 6.5,按 1.5% 接种量,37℃静置培养 20 h,进行三次平行试验,测得嗜酸乳杆菌 L66 活细胞数 10.9× 10^9 CFU/mL,验证实验表明了在正交试验确定的最佳培养条件下,嗜酸乳杆菌 L66 的活细胞数大于正交实验中的任一组合,因此确定 $A_2B_2C_3D_3$ 是嗜酸乳杆菌 L66 的最佳培养条件。

2.3.3　小结

采用单因素和正交实验对嗜酸乳杆菌 L66 的培养基进行了优化,确定最佳培养基为以营养肉汤为基础培养基,其中葡萄糖添加量为 2.0%、酵母浸粉添加量为 1.5%、磷酸氢二钾添加量为 0.4‰、麸皮浸提液添加量为 2%。

在培养基优化的基础上,采用单因素和正交试验对嗜酸乳杆菌 L66 的最佳培养条件进行了优化,确定最优的培养条件为初始 pH 为 6.5,按 1.5% 接种量接种,在 37℃静置培养 20 h,嗜酸乳杆菌 L66 活细胞数 10.9×10^9 CFU/mL。

2.4　肠膜明串珠菌 ZLG85 辅助降胆固醇益生菌菌体培养技术研究

2.4.1　材料与方法

2.4.1.1　菌种

肠膜明串珠菌 ZLG85:从酸菜中分离的具有体外降胆固醇功能的益生菌,巢湖学院食品工程实验室保藏。

2.4.1.2　实验试剂

盐酸、氢氧化钠、氯化钠,均为分析纯试剂。MRS 培养基,北京奥博星生物技术有限公司。

2.4.1.3　主要仪器设备(表 2-21)

表 2-21　主要仪器设备

仪器型号	所用仪器	公司
SW-CJ-2F	超净工作台	苏州市智拓净化设备科技有限公司
DZM-80KCs-Ⅲ	立式压力蒸汽灭菌锅	上海申安医疗器械厂

仪器型号	所用仪器	公司
pHB-401	pH 计	上海天达仪器有限公司
TU-1810	紫外分光光度计	北京普析通用仪器有限公司
SHP-160	智能生化培养箱	上海三发科学仪器有限公司
TG16Ws	台式高速离心机	湘仪离心机仪器有限公司

2.4.1.4　肠膜明串珠菌 ZLG85 的活化及培养

用接种环挑取冰箱保藏的肠膜明串珠菌 ZLG85 的斜面保藏菌种 1~2 环,接入 MRS 液体培养基中,30℃恒温静置培养 14~16 h,按照 1%的接种量接入 MRS 液体培养基中,30℃静置培养 14~16 h 备用。

2.4.1.5　肠膜明串珠菌 ZLG85 培养基的优化

(1)肠膜明串珠菌 ZLG85 培养基的单因素实验

①碳源种类及其浓度对肠膜明串珠菌 ZLG85 菌体生长的影响。

以营养肉汤培养基为基础培养基,分别以 2%的果糖、葡萄糖、蔗糖、乳糖、淀粉替代其中的碳源,接种 1%肠膜明串珠菌 ZLG85,在 30℃静置培养 16 h,培养后测定碳源对肠膜明串珠菌 ZLG85 菌体生长的影响。

在确定最佳碳源的基础上,研究 0.5%、1.0%、1.5%、2.0%、2.5%和 3.0%的碳源对肠膜明串珠菌 ZLG85 菌体生长的影响。

②氮源种类及其浓度对肠膜明串珠菌 ZLG85 菌体生长的影响。

以营养肉汤培养基为基础培养基,分别以 1%的豆粕粉、酵母浸粉、蛋白胨、硫酸铵和硝酸铵替代其中的氮源,接种 1%的肠膜明串珠菌 ZLG85,在 30℃静置培养 16 h,培养后测定其对肠膜明串珠菌 ZLG85 菌体生长的影响。

在确定的最佳氮源的基础上,研究 0.5%、1.0%、1.5%、2.0%、2.5%和 3.0%的氮源对肠膜明串珠菌 ZLG85 菌体生长的影响。

③无机盐种类及其浓度对肠膜明串珠菌 ZLG85 菌体生长的影响。

在营养肉汤培养基中分别添加 0.2‰的磷酸氢二钾、硫酸锰、硫酸镁、氯化铁及硫酸铜,接种量 1%,在 30℃静置培养 16 h,培养后测定其对肠膜明串珠菌 ZLG85 菌体生长的影响。

在确定的最佳无机盐的基础上研究 0.1‰、0.2‰、0.3‰、0.4‰、0.5‰无机盐对肠膜明串珠菌 ZLG85 菌体生长的影响。

④农畜产品及副产物对肠膜明串珠菌 ZLG85 菌体生长的影响。

在营养肉汤培养基中分别添加 2% 的番茄汁、脱脂乳、糖蜜、麸皮浸提液和啤酒酵母水解液,在 30℃ 静置培养 16 h,培养后测定农畜产品及副产物对肠膜明串珠菌 ZLG85 菌体生长的影响。

在确定的农畜产品及其副产物的基础上研究 1%、2%、3%、4%、5% 的添加量对肠膜明串珠菌 ZLG85 菌体生长的影响。

(2)降胆固醇益生菌肠膜明串珠菌 ZLG85 培养基的正交实验

在单因素实验的基础上,进行四因素三水平的正交实验进行降胆固醇益生菌肠膜明串珠菌 ZLG85 培养基的优化。

2.4.1.6　肠膜明串珠菌 ZLG85 培养条件的优化

(1)肠膜明串珠菌 ZLG85 培养条件的单因素实验

①接种量对肠膜明串珠菌 ZLG85 生长的影响。

在优化的培养基中,分别接种 0.5%、1.0%、1.5%、2.0% 和 2.5% 的肠膜明串珠菌 ZLG85 菌悬液,在 30℃ 恒温静置培养 16 h,测定肠膜明串珠菌 ZLG85 的生长量。

②初始 pH 对肠膜明串珠菌 ZLG85 生长的影响。

在优化的培养基中,将培养基的初始 pH 调整到 5.0、5.5、6.0、6.5、7.0 和 7.5,肠膜明串珠菌 ZLG85 的接种量为 1%,在 30℃ 恒温静置培养 16 h,测定肠膜明串珠菌 ZLG85 的生长量。

③培养温度对肠膜明串珠菌 ZLG85 生长的影响。

将降胆固醇益生菌肠膜明串珠菌 ZLG85 活化后的菌悬液,按照 1% 的接种量接入优化的培养基中,分别在 28℃、32℃、36℃、40℃ 和 44℃ 恒温静置培养 16 h,测定肠膜明串珠菌 ZLG85 的生长量。

④培养时间对肠膜明串珠菌 ZLG85 生长的影响。

将 1.5% 的肠膜明串珠菌 ZLG85 菌悬液,接入优化的培养基中,在 30℃ 静置培养 6 h、9 h、12 h、15 h、18 h、21 h 和 24 h,测定肠膜明串珠菌 ZLG85 的生长量。

(2)肠膜明串珠菌 ZLG85 培养条件的正交试验

在肠膜明串珠菌 ZLG85 培养条件单因素实验的基础上,进行 4 因素 3 水平的正交实验,确定肠膜明串珠菌 ZLG85 最佳的培养条件。

2.4.1.7 降胆固醇益生菌生长量的测定

采用平板计数法测定降胆固醇益生菌活菌数。将降胆固醇益生菌的菌悬液进行 10 倍梯度稀释,取 0.1 mL 合适的 3 个稀释度的菌悬液,涂布在制备好的 MRS 固态培养基平板表面,37℃倒置培养 24 h,计数固态平板表面生长的菌落数,乘以稀释倍数,即为菌体活细胞数。

2.4.2 结果与分析

2.4.2.1 肠膜明串珠菌 ZLG85 培养基优化的单因素实验

(1)碳源种类及其浓度对肠膜明串珠菌 ZLG85 生长的影响

①碳源种类对肠膜明串珠菌 ZLG85 生长的影响。

微生物生长需要大量的碳源,用来合成菌体细胞壁、细胞膜等细胞结构和细胞生长需要的能量。由图 2-15 可知,以营养肉汤为基础培养基时,不同碳源获得的细胞生长量差异显著,不同碳源培养后细胞生长量的大小顺序依次为葡萄糖>果糖>乳糖>蔗糖>淀粉。因此,通过单因素实验确定肠膜明串珠菌 ZLG85 培养最适的碳源为葡萄糖。

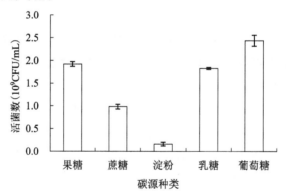

图 2-15 碳源种类对肠膜明串珠菌 ZLG85 生长的影响

②葡萄糖添加量对肠膜明串珠菌 ZLG85 生长的影响。

由图 2-16 可知,葡萄糖添加量对肠膜明串珠菌 ZLG85 的生长影响显著,当葡萄糖添加量在 0.5%~1.5%时,随着培养基中葡萄糖含量的增加,肠膜明串珠菌 ZLG85 的活细胞数逐渐增大,当培养基中葡萄糖浓度大于 1.5%时,肠膜明串珠菌 ZLG85 的活菌数显著下降。因此肠膜明串珠菌 ZLG85 培养的适宜葡萄糖添

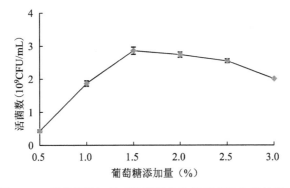

图 2-16　葡萄糖添加量对肠膜明串珠菌 ZLG85 生长的影响

加量为 1.5%。

（2）氮源种类和浓度对肠膜明串珠菌 ZLG85 生长的影响

①氮源种类对肠膜明串珠菌 ZLG85 生长的影响。

菌体在生长时需要大量的氮源,可以用来合成细胞结构中的蛋白质和核酸等物质。由图 2-17 可知,氮源的种类对肠膜明串珠菌 ZLG85 的生长影响显著,不同氮源培养后细胞生长量的大小顺序依次为酵母浸粉>蛋白胨>硫酸铵>豆粕粉>硝酸铵。因此,通过单因素实验确定肠膜明串珠菌 ZLG85 生长所需的最佳氮源为酵母浸粉。

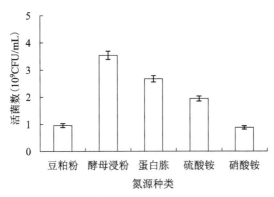

图 2-17　氮源种类对肠膜明串珠菌 ZLG85 生长的影响

②酵母浸粉添加量对肠膜明串珠菌 ZLG85 生长的影响。

由图 2-18 可知,培养基中氮源添加量对肠膜明串珠菌 ZLG85 的生长有显著的影响,当酵母浸粉添加量在 0.5%~1.0% 的范围内,随着酵母浸粉添加量的增加,肠膜明串珠菌 ZLG85 活菌数显著提高,但当酵母浸粉添加量大于 1.0% 时,肠膜明串珠菌 ZLG85 的活菌数呈下降的趋势。因此,通过单因素实验确定肠膜明

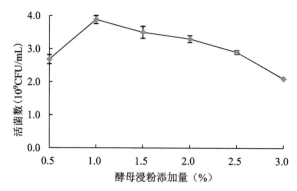

图 2-18 酵母浸粉添加量对嗜酸乳杆菌 L66 生长的影响

串珠菌 ZLG85 适宜的氮源浓度为 1.0%。

（3）无机盐种类和浓度对肠膜明串珠菌 ZLG85 生长的影响

①无机盐种类对肠膜明串珠菌 ZLG85 生长的影响。

由图 2-19 可以看出，无机盐种类对肠膜明串珠菌 ZLG85 的生长影响显著。添加硫酸镁后菌体的活菌数最大，其次依次是磷酸氢二钾、硫酸锰、氯化铁和硫酸铜。因此，通过单因素实验确定的肠膜明串珠菌 ZLG85 生长的适宜无机盐为硫酸镁。

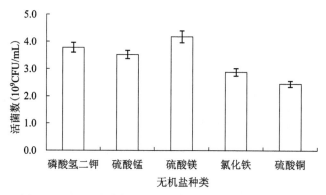

图 2-19 无机盐种类对肠膜明串珠菌 ZLG85 生长的影响

②硫酸镁添加量对肠膜明串珠菌 ZLG85 生长的影响。

由图 2-20 可知，硫酸镁添加量对肠膜明串珠菌 ZLG85 生长的影响显著，在硫酸镁添加量为 0.1‰~0.4‰时，随着硫酸镁浓度的增大，肠膜明串珠菌 ZLG85 的活细胞数逐渐提高，当硫酸镁添加量为 0.4‰时，肠膜明串珠菌 ZLG85 的生长量达到最大。随着硫酸镁浓度的继续增大，肠膜明串珠菌 ZLG85 的生长量显著下降。因此肠膜明串珠菌 ZLG85 生长适宜的硫酸镁浓度为 0.4‰。

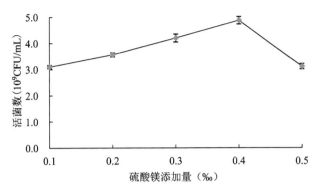

图 2-20　硫酸镁添加量对肠膜明串珠菌 ZLG85 生长的影响

（4）农畜产品及副产物种类及浓度对肠膜明串珠菌 ZLG85 生长的影响

①农畜产品及副产物种类对肠膜明串珠菌 ZLG85 生长的影响。

由图 2-21 可知，在培养基中添加农畜产品及副产物种类对肠膜明串珠菌 ZLG85 的生长影响显著。添加脱脂乳后肠膜明串珠菌 ZLG85 菌体的活菌数最大，其次是番茄汁、麸皮浸提液、酵母水解液，添加糖蜜后肠膜明串珠菌 ZLG85 细胞的生长量最低。脱脂乳中含有利于益生菌生长的乳糖及维生素、氨基酸等生长因子，能促进益生菌肠膜明串珠菌 ZLG85 的生长。因此，通过单因素实验确定肠膜明串珠菌 ZLG85 生长的适宜添加物为脱脂乳。

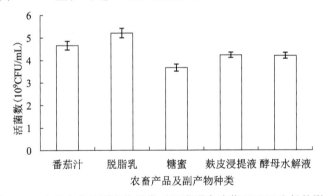

图 2-21　农畜产品及副产物种类对肠膜明串珠菌 ZLG85 生长的影响

②脱脂乳添加量对肠膜明串珠菌 ZLG85 生长的影响。

由图 2-22 可知，脱脂乳添加量在 0~3% 时，肠膜明串珠菌 ZLG85 的活菌数逐渐提高，当脱脂乳添加量为 3% 时，肠膜明串珠菌 ZLG85 的活菌数达到最大，随着脱脂乳添加量的继续增加，肠膜明串珠菌 ZLG85 的活菌数呈现下降的趋势，因

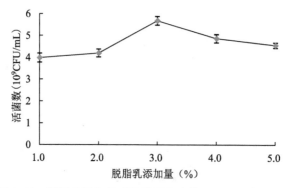

图 2-22 脱脂乳添加量对肠膜明串珠菌 ZLG85 生长的影响

此选择脱脂乳的适宜添加量为 3%。

2.4.2.2 肠膜明串珠菌 ZLG85 培养基的正交实验

根据肠膜明串珠菌 ZLG85 培养基单因素实验的结果进行正交试验优化,正交实验设计见表 2-22,正交实验结果见表 2-23。

表 2-22 肠膜明串珠菌 ZLG85 培养基正交实验设计

水平	A:葡萄糖 添加量(%)	B:酵母浸粉 添加量(%)	C:硫酸镁 添加量(‰)	D:脱脂乳 添加量(%)
1	1.0	0.5	0.3	2
2	1.5	1.0	0.4	3
3	2.0	1.5	0.5	4

表 2-23 肠膜明串珠菌 ZLG85 培养基正交实验结果

试验号	A	B	C	D	活细胞数 (10^9 CFU/mL)
1	1	1	1	1	3.4
2	1	2	2	2	4.9
3	1	3	3	3	4.5
4	2	1	2	3	4.1
5	2	2	3	1	6.2
6	2	3	1	2	5.7
7	3	1	3	2	3.9
8	3	2	1	3	4.3
9	3	3	2	1	5.5

续表

试验号	A	B	C	D	活细胞数 (10^9 CFU/mL)
k_1	4.27	3.80	4.47	5.03	
k_2	5.33	5.13	4.83	4.83	
k_3	4.57	5.23	4.87	4.30	
R	1.06	1.43	0.40	0.73	

由表 2-23 可以看出,培养基各成分的添加量对肠膜明串珠菌 ZLG85 生长影响主次顺序是酵母浸粉添加量>葡萄糖添加量>脱脂乳添加量>硫酸镁添加量。肠膜明串珠菌 ZLG85 培养的最佳培养基配方为 $A_2B_3C_3D_1$,即葡萄糖添加量 1.5%、酵母浸粉添加量 1.5%、硫酸镁添加量 0.5‰、脱脂乳添加量 2%,此配方为不在培养基正交试验的 9 组配方中,因此对肠膜明串珠菌 ZLG85 最佳培养基进行验证实验。

将肠膜明串珠菌 ZLG85 接种到正交实验所获得的最优组合培养基中,在 30℃静置培养 16 h,做 3 次实验测定菌体活细胞数为 6.8×10^9 CFU/mL,大于正交实验的 9 个培养基组合。

2.4.2.3　肠膜明串珠菌 ZLG85 培养条件的单因素实验

(1)接种量对肠膜明串珠菌 ZLG85 菌体生长的影响(图 2-23)

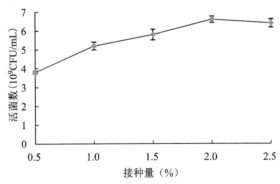

图 2-23　接种量对肠膜明串珠菌 ZLG85 菌体生长的影响

由图 2-23 可知,接种量对肠膜明串珠菌 ZLG85 的生长影响显著,当接种量在 0.5%~2.0% 时,随着肠膜明串珠菌 ZLG85 菌体的活细胞数随着接种量的提高而显著增大,当接种量大于 2.0% 时,肠膜明串珠菌 ZLG85 菌体的活细胞数不再增加,甚至呈现下降的趋势,这是由于接种量过大时,菌体快速生长消耗大量的营养物质,并产生大量的酸性物质,抑制了菌体生长,因此,通过单因素实验确定肠膜明串珠菌 ZLG85 菌体生长的适宜接种量为 2.0%。

（2）初始 pH 对肠膜明串珠菌 ZLG85 菌体生长的影响（图 2-24）

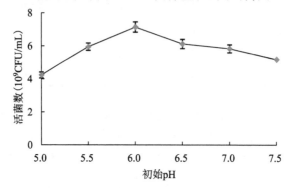

图 2-24　初始 pH 对肠膜明串珠菌 ZLG85 菌体生长的影响

由图 2-24 可以看出,培养基的初始 pH 对肠膜明串珠菌 ZLG85 菌体的生长影响显著,在 pH 5.0~6.0 范围内,肠膜明串珠菌 ZLG85 菌体的活细胞数随着培养基初始 pH 的升高而显著提高。在培养基初始 pH 6.0 时,肠膜明串珠菌 ZLG85 菌体的生长量达到最大。当初始 pH 大于 6.0,随着初始 pH 继续提高,肠膜明串珠菌 ZLG85 的生长量呈下降趋势,因此,通过单因素实验确定肠膜明串珠菌 ZLG85 菌体生长的适宜 pH 为 6.0。

（3）培养温度对肠膜明串珠菌 ZLG85 菌体生长的影响（图 2-25）

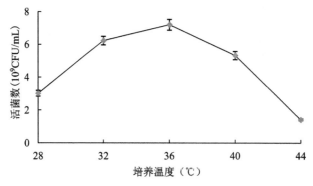

图 2-25　培养温度对肠膜明串珠菌 ZLG85 菌体生长的影响

由图 2-25 可以看出,培养温度对肠膜明串珠菌 ZLG85 菌体的生长影响显著,当培养温度在 28~36℃时,肠膜明串珠菌 ZLG85 菌体的活细胞数量随着培养温度的升高而显著增大,当培养温度大于 36℃时,肠膜明串珠菌 ZLG85 菌体的活细胞数随着培养温度的升高而显著下降,因此通过单因素实验确定肠膜明串珠菌 ZLG85 的适宜培养温度为 36℃。

(4)培养时间对肠膜明串珠菌 ZLG85 菌体生长的影响(图 2-26)

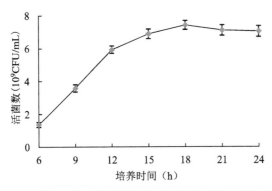

图 2-26　培养时间对肠膜明串珠菌 ZLG85 菌体生长的影响

由图 2-26 可知,培养时间在 6~18 h 时,肠膜明串珠菌 ZLG85 菌体活细胞数随着培养时间的延长逐渐提高,当培养时间大于 18 h 时,肠膜明串珠菌 ZLG85 菌体活细胞数随着培养时间的延长不再增加,因此,通过单因素实验确定肠膜明串珠菌 ZLG85 菌体生长的适宜培养时间为 18 h。

2.4.2.4　肠膜明串珠菌 ZLG85 培养条件的正交实验

根据肠膜明串珠菌 ZLG85 培养条件的单因素实验,采用 4 因素 3 水平的正交实验优化肠膜明串珠菌 ZLG85 菌种的培养条件,正交实验设计见表 2-24,正交实验结果见表 2-25。

表 2-24　肠膜明串珠菌 ZLG85 培养条件的正交实验设计

水平	A: 接种量(%)	B: 初始 pH	C: 培养温度(℃)	D: 培养时间(h)
1	1.5	5.5	34	16
2	2.0	6.0	36	18
3	2.5	6.5	38	20

表 2-25　肠膜明串珠菌 ZLG85 培养条件正交实验结果

试验号	A	B	C	D	活细胞数 (10^9 CFU/mL)
1	1	1	1	1	4.9

续表

试验号	A	B	C	D	活细胞数 (10^9 CFU/mL)
2	1	2	2	2	8.1
3	1	3	3	3	6.4
4	2	1	2	3	5.6
5	2	2	3	1	8.5
6	2	3	1	2	6.1
7	3	1	3	2	5.4
8	3	2	1	3	7.9
9	3	3	2	1	6.8
k_1	7.67	5.30	6.30	6.73	
k_2	6.73	8.17	6.83	6.53	
k_3	6.70	6.73	6.77	6.63	
R	0.97	2.87	0.53	0.20	

由表 2-25 可以看出,各培养条件对肠膜明串珠菌 ZLG85 生长影响的主次顺序是初始 pH>接种量>培养温度>培养时间。由正交实验确定的肠膜明串珠菌 ZLG85 的最佳培养条件为 $A_1B_2C_2D_1$,即接种量 1.5%,在初始 pH 为 6.0,36℃ 静置培养 16 h,由于该培养条件不在正交实验的 9 组实验条件中,因此对肠膜明串珠菌 ZLG85 的最佳培养条件进行验证。

在正交实验所确定的最优培养条件下,进行 3 次试验,测得肠膜明串珠菌 ZLG85 活细胞数 8.8×10^9 CFU/mL,验证实验表明了在正交试验确定的最佳培养条件下,肠膜明串珠菌 ZLG85 的活细胞数大于正交实验中的任一组合,因此确定 $A_1B_2C_2D_1$,即接种量 1.5%,在初始 pH 为 6.0,36℃ 静置培养 16 h 是肠膜明串珠菌 ZLG85 的最佳培养条件。

2.4.3 小结

通过单因素实验和正交实验对辅助降胆固醇益生菌嗜酸乳杆菌 L66 的培养基和培养条件进行了优化。确定嗜酸乳杆菌 L66 生长培养基配方为葡萄糖 2.0%、酵母浸粉 1.5%、磷酸氢二钾 0.4‰、麸皮浸提液 2%,最佳培养条件为初始 pH 为 6.5,按 1.5%接种量,37℃ 静置培养 20 h。在此条件下嗜酸乳杆菌 L66 活细胞数可达 10.9×10^9 CFU/mL。

通过单因素实验和正交实验对辅助降胆固醇益生菌肠膜明串珠菌 ZLG85 的培养基和培养条件进行了优化。确定最佳培养基配方为葡萄糖 1.5%、酵母浸粉 1.5%、硫酸镁 0.5‰、脱脂乳 2%，最佳培养条件为接种量 1.5%，初始 pH 6.0，36℃静置培养 16 h。在此条件下肠膜明串珠菌 ZLG85 活细胞数可达 8.8×10^9 CFU/mL。

第3章　辅助降胆固醇益生菌发酵食品制备技术

据统计,我国现有冠心病患者1100万人,现有高血压患者2.7亿人,目前心脑血管疾病已成为威胁我国居民生命健康的第一因素。2019年7月,中国卫生健康委员会发布了"2019—2030年"健康中国行动,把心脑血管疾病防治作为一项重要的行动内容。研究表明,体内的胆固醇含量与人体的冠心病、动脉粥样硬化等心脑血管疾病的发病率呈正相关性。减少饮食中胆固醇的含量及降低体内胆固醇的含量成为防治心脑血管疾病的重要手段。具有辅助降胆固醇功能的益生菌,不仅能改善宿主肠道菌群平衡,而且能通过同化和共沉淀等作用,降低食品及体内的胆固醇含量,从而起到一定的辅助降胆固醇的作用。以具有辅助降胆固醇功能的益生菌为发酵剂,以大豆、白菜、谷物等农产品为原料,通过其发酵作用研制益生菌发酵豆乳、辣白菜及发酵米乳等健康食品,在发酵食品领域具有广泛的应用前景。

3.1　益生菌发酵米乳的研制

3.1.1　材料与方法

3.1.1.1　菌种

嗜酸乳杆菌L66:具有体外降胆固醇功能,巢湖学院食品工程实验室保藏。

3.1.1.2　原料与试剂

粳米:市售。蔗糖:分析纯,国药集团化学试剂有限公司。
淀粉酶:高温型,酶活力150000 U/mL,沧州夏盛酶生物技术有限公司。
糖化酶:酶活力100000 U/mL,湖南新鸿鹰生物工程有限公司。

3.1.1.3　主要仪器设备(表 3-1)

表 3-1　主要仪器设备

仪器型号	所用仪器	公司
pHB-401	pH 计	上海天达仪器有限公司
SHP-160	智能生化培养箱	上海三发科学仪器有限公司
LDZM-80KCs-III	立式压力蒸汽灭菌锅	上海申安医疗器械厂
SW-CJ-2F	超净工作台	苏州市智拓净化设备科技有限公司
HHS-21-4	电热数显恒温水浴锅	上海博讯实业有限公司医疗设备厂
TG16Ws	台式高速离心机	湘仪离心机仪器有限公司
65-220V-2.2Kw	分体胶体磨	恒东科技有限公司

3.1.1.4　发酵米乳制备工艺

(1)制备工艺流程

粳米→清洗→浸泡→磨浆→过滤→糊化→液化→糖化→杀菌→冷却→接种发酵剂→控温发酵→调配→成品。

(2)制备工艺要点

粳米清洗及浸泡:选择新鲜、颗粒饱满的粳米。用水清洗,粉碎后按米粉与水质量比 1:6~1:10,在室温下浸泡 2~3 h。

磨浆和过滤:用胶体磨对沉淀的米粉进行 3 次磨浆,并用 60 目筛过滤。

糊化和糖化:将粉浆升温至 90~95℃糊化 30 min。添加耐高温 α-淀粉酶 0.5‰,在 90℃液化 3 h,降温至 65℃添加糖化酶 0.25‰,糖化 2 h。

杀菌:在 121℃下高压灭菌 15~20 min,然后冷却至 35℃以下。

接种发酵剂:将乳酸菌培养液离心,无菌水离心洗涤 2~3 次,调配成 $5×10^8$ CFU/mL,在无菌条件下接种至米乳中。

控温发酵:恒温静置发酵。发酵后进行感官检验及微生物指标检验。

3.1.1.5　发酵米乳制备的单因素实验

(1)料水比对发酵米乳品质的影响

按照发酵米乳制备工艺,采用米粉与水质量比分别为 1:6、1:7、1:8、1:9 和 1:10,按照 2%的接种量接种嗜酸乳杆菌 L66,在 36℃发酵 16 h,进行感官评价。

（2）接种量对发酵米乳品质的影响

按照发酵米乳制备工艺，采用米粉与水质量比为 1∶7，分别按照 1.0%、2.0%、3.0%、4.0%、5.0% 和 6.0% 的接种量接种嗜酸乳杆菌 L66，在 36℃ 发酵 16 h，进行感官评价。

（3）发酵温度对发酵米乳品质的影响

按照发酵米乳制备工艺，采用米粉与水质量比为 1∶7、分别按照 2% 的接种量接种嗜酸乳杆菌 L66，分别在 24℃、28℃、32℃、36℃、40℃ 和 44℃ 发酵 16 h，进行感官评价。

（4）发酵时间对发酵米乳品质的影响

按照发酵米乳制备工艺，采用米粉与水质量比为 1∶7，按照 2% 的接种量接种嗜酸乳杆菌 L66，在 36℃ 分别发酵 12 h、16 h、20 h、24 h、28 h 和 32 h，进行感官评价。

3.1.1.6 发酵米乳制备的正交实验

以单因素实验的结果为基础，以发酵米乳的感官评价为目标值，按照正交试验设计的原理进行正交试验，确定最优工艺参数。

3.1.1.7 产品指标检测

（1）发酵米乳感官品质分析（表 3-2）

表 3-2 发酵米乳感官评分标准

项目	评分标准	分值（分）
香气（30分）	具有浓郁的米香味和发酵香气，无不良气味	24~30
	具有一定的米香味和发酵香气，无不良气味	16~23
	米香味和发酵香味较淡	8~15
	无米香味和发酵香味，有霉味或其他不良气味	1~7
滋味（40分）	酸味柔和，酸甜适口	31~40
	酸味适中，酸甜适中	21~30
	酸味突出，酸甜比例失调	11~20
	刺激性酸味，口感差	1~10
组织状态（30分）	色泽均匀一致，无漂浮物和沉淀	24~30
	色泽均匀，少量漂浮物和沉淀	16~23
	色泽均匀，一定的漂浮物和沉淀	8~15
	色泽不均匀，大量的漂浮物和沉淀	1~7

（2）发酵米乳酸度测定

按照酸碱中和的方法测定发酵米乳酸度。

（3）嗜酸乳杆菌 L66 活细胞数测定

采用 MRS 琼脂培养基，按照活菌计数法即平板菌落计数法来测定嗜酸乳杆菌 L66，在 37℃培养箱恒温培养 24~48 h。

（4）总糖含量测定

采用斐林试剂法测定总糖含量。

3.1.2　结果与分析

3.1.2.1　米乳发酵的单因素实验

（1）料水比对发酵米乳品质的影响

大米在糊化前加入不同比例的水，不仅会影响到原料液化和糖化效果，而且会影响到微生物的生长和代谢，最终影响发酵米乳产品的组织状态、香气及滋味。因此实验研究了料水比对米乳发酵的影响，实验结果见图 3-1。

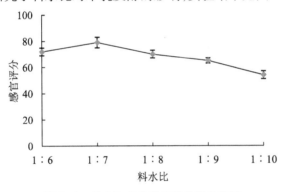

图 3-1　料水比对发酵米乳品质的影响

由图 3-1 可以看出，料水比对米乳发酵饮料品质的影响显著，当料水比为 1∶6 时，由于加水量较小，米浆的浓度过大，导致产品沉淀较多，随着料水比的增大，当料水比超过 1∶7 后，加水量过多，米浆浓度低，发酵米乳米香味小，因此，通过单因素实验确定适宜的料水比为 1∶7，产品米香味浓郁，且产品黏度适中，酸甜适口。

（2）接种量对发酵米乳品质的影响

接种量会影响菌体生长阶段延滞期的长短，进而影响菌体的生长和代谢，因此实验研究了接种量对发酵米乳品质的影响,实验结果见图 3-2。

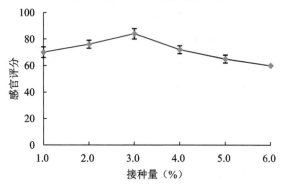

图 3-2　接种量对发酵米乳品质的影响

由图 3-2 可以看出,接种量对发酵米乳感官品质影响显著,接种量 1%~3% 时,随着嗜酸乳杆菌 L66 菌种接种量的增大,感官品质逐渐提高。当接种量为 3% 时,产品米香和发酵香味浓郁,酸味适中。随着接种量的继续增大,发酵米乳的酸味突出,米香味较淡,口感不协调。因此通过单因素实验确定发酵米乳适宜的接种量为 3%。

(3)发酵温度对发酵米乳品质的影响

温度会影响细胞内各种与微生物生长和代谢相关的酶的活性,进而影响与微生物生长和代谢相关的各种产物的合成速度和生成量,最终影响发酵米乳的感官和理化指标,因此实验研究了发酵温度对发酵米乳品质的影响,实验结果见图 3-3。

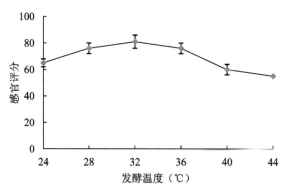

图 3-3　发酵温度对发酵米乳品质的影响

由图 3-3 可以看出,发酵温度对发酵米乳感官品质影响显著,发酵温度为 24~32℃ 时,随着米乳发酵温度的提高,发酵米乳产品的感官品质逐渐提高。当发酵温度达到 32℃时,产品具有明显的米香和发酵香味,酸甜较适中,口感较协调。当温度超过 32℃后,随着发酵温度的继续增大,发酵米乳的酸味逐渐增大,米香味较淡,产品口感不协调。因此通过单因素实验确定发酵米乳适宜的发酵温度为 32℃。

(4)发酵时间对发酵米乳品质的影响

发酵时间过短容易导致米乳中乳酸产量低,菌体量少,发酵香气不足等缺点,但发酵时间过长,也容易导致杂菌污染,产品有后苦味等不良气味,酸度过高等缺点,因此实验研究了发酵时间对发酵米乳品质的影响,实验结果见图 3-4。

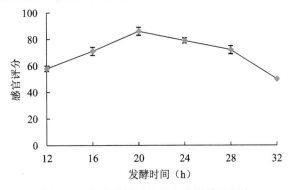

图 3-4　发酵时间对发酵米乳品质的影响

由图 3-4 可以看出,发酵时间对发酵米乳感官品质影响显著。当发酵时间在 12～20 h 时,随着米乳发酵时间的延长,发酵米乳产品的感官品质逐渐提高。当发酵时间达到 20 h 时,产品具有明显的米香味和发酵香味,酸度适中,口感较协调。当发酵时间超过 20 h 后,随着发酵时间的继续延长,发酵米乳的酸味逐渐增大,产品口感不协调。因此通过单因素实验确定发酵米乳适宜的发酵时间为 20 h。

3.1.2.2　发酵米乳制备的正交实验

以米乳发酵单因素实验确定的适宜发酵条件料水比 1∶7,接种量 3%,发酵温度 32℃,发酵时间 20 h 为中心点,进行 4 因素 3 水平的正交实验,根据发酵米乳评分标准进行发酵米乳的感官评价,正交试验因素的因素和水平见表 3-3,正交实验设计及结果见表 3-4。

表 3-3　发酵米乳正交实验设计

水平	A:料水比	B:接种量(%)	C:发酵温度(℃)	D:发酵时间(h)
1	1∶6.5	2.0	30	18

水平	A:料水比	B:接种量(%)	C:发酵温度(℃)	D:发酵时间(h)
2	1:7.0	3.0	32	20
3	1:7.5	4.0	34	22

表 3-4　发酵米乳制备正交实验设计及结果

试验号	A	B	C	D	感官评分
1	1	1	1	1	68
2	1	2	2	2	80
3	1	3	3	3	75
4	2	1	2	3	78
5	2	2	3	1	66
6	2	3	1	2	73
7	3	1	3	2	65
8	3	2	1	3	77
9	3	3	2	1	83
k_1	74.3	70.3	72.7	72.3	
k_2	72.3	74.3	80.3	72.7	
k_3	75.0	77.0	68.7	76.7	
R	2.7	6.7	11.6	4.4	

由表 3-4 正交实验极差分析 R 值结果可以看出,发酵米乳品质影响因素的大小为发酵温度>接种量>发酵时间>料水比,发酵米乳最佳工艺组合为 $A_3B_3C_2D_3$。即发酵米乳的料水比为 1:7.5,接种量 4%,发酵温度 32℃,发酵时间 22 h。此工艺条件不在正交实验的 9 组实验中,因此要对正交实验确定的最佳工艺进行验证。

3.1.2.3　验证实验

在正交实验确定的发酵米乳最佳工艺条件下,即发酵米乳的料液比 1:7.5,接种量 4%,发酵温度 32℃,发酵时间 22 h,进行 3 次验证实验,实验结果见表 3-5。

表 3-5　发酵米乳验证实验

实验次数	感官评分
1	85

实验次数	感官评分
2	87
3	84
平均	85

由表 3-5 验证实验结果可以看出,在正交实验确定的最佳工艺条件下制备的发酵米乳的感官评分高于正交实验的 9 组实验。

3.1.2.4 发酵米乳产品指标

(1)发酵米乳产品感官指标

在最佳工艺条件下制备的发酵米乳的感官指标见表 3-6。

表 3-6 发酵米乳的感官指标

项目	指标
香气	具有浓郁的米香味和发酵香气,无不良气味
滋味	酸味柔和,酸甜适口
组织状态	色泽均匀,有一定的漂浮物和沉淀

(2)发酵米乳理化指标

在最佳工艺条件下制备的发酵米乳的理化指标见表 3-7。

表 3-7 发酵米乳的理化指标

项目	指标
酸度(°T)	71.2
总糖(%)	5.2

(3)发酵米乳活性乳酸菌数

在最佳工艺条件下制备发酵米乳,采用平板菌落计数法测定的乳酸菌活菌数为 3.8×10^8 CFU/mL。

3.1.3 小结

通过单因素和正交实验优化了嗜酸乳杆菌 L66 发酵米乳的工艺条件为料水比 1:7.5,接种量 4%,发酵温度 32℃,发酵时间 22 h。

制备的发酵米乳具有浓郁的米香味和发酵香气,无不良气味,酸味柔和,酸甜适口,色泽均匀,有一定的漂浮物和沉淀,产品中可溶性固形物含量为13.6%,酸度71.2°T,总糖5.2%,乳酸菌活菌数 $3.8×10^8$ CFU/mL。

3.2 益生菌发酵辣白菜的研制

3.2.1 材料与方法

3.2.1.1 菌种

肠膜明串珠菌株菌 ZLG85,嗜酸乳杆菌 L66:具有体外降胆固醇功能,巢湖学院食品工程实验室保藏。

3.2.1.2 原料与试剂

白菜、辣椒粉、大蒜和姜:市售;氯化钠:分析纯,国药集团化学试剂有限公司。

3.2.1.3 主要仪器设备(表3-8)

表3-8 主要仪器设备

仪器型号	所用仪器	公司
LDZM-80KCs-III	立式压力蒸汽灭菌锅	上海申安医疗器械厂
pHB-401	pH 计	上海天达仪器有限公司
SHP-160	智能生化培养箱	上海三发科学仪器有限公司
SW-CJ-2F	超净工作台	苏州市智拓净化设备科技有限公司
HHS-21-4	电热数显恒温水浴锅	上海博讯实业有限公司医疗设备厂
TG16Ws	台式高速离心机	湘仪离心机仪器有限公司

3.2.1.4 发酵辣白菜制备工艺

(1)制备工艺流程

白菜→剥去老叶→清洗→浸泡→沥干水分→涂抹调味料→装坛→密闭→发酵→成品。

(2)制备工艺要点

白菜清洗及浸泡:选择新鲜重量为2.0 kg左右的大白菜,剥去外层1~2层老叶,用自来水清洗,然后将其浸泡在 15% 的食盐水中 2~3 h,取出,沥干水分。

菌种制备:肠膜明串珠菌株菌 ZLG85 和嗜酸乳杆菌 L66 过夜培养的菌悬液,离心收集,用无菌生理盐水离心洗涤 2 次,用无菌生理盐水调整浓度为 5×10^8 CFU/mL 备用。

调味料配制:按照每 100 kg 白菜,称取大蒜末 1.8 kg、生姜末 1.2 kg、辣椒粉 2 kg 及一定量的食盐和益生菌液,将其混合均匀。

涂抹调味料:将清洗浸泡后的白菜的叶片掀开,将配制好的调味料均匀地涂抹在白菜的叶片之间,最后用外层叶片将整个白菜包裹。

装坛、密闭和发酵:将白菜装入清洗灭菌后的坛中,压实、密封坛口,在一定温度下发酵。

3.2.1.5　发酵辣白菜制备的单因素实验

(1)食盐添加量对辣白菜发酵品质的影响

按照辣白菜的制备工艺,在调味料配制时分别加入大白菜量 2%、4%、6%、8% 和 10% 的食盐,按照肠膜明串珠菌株菌 ZLG85 和嗜酸乳杆菌 L66 菌悬液体积比 1∶1(v∶v)的比例,以 2% 的接种量接种,在 20℃发酵 15 d,进行感官评价。

(2)接种量对辣白菜发酵品质的影响

按照辣白菜的制备工艺,在调味料配制时分别加入大白菜量 4% 食盐,按照肠膜明串珠菌株菌 ZLG85 和嗜酸乳杆菌 L66 菌悬液体积比 1∶1(v∶v)的比例,以 1%、2%、3%、4% 和 5% 的接种量接种,在 20℃发酵 15 d,进行感官评价。

(3)发酵温度对辣白菜发酵品质的影响

按照辣白菜的制备工艺,在调味料配制时分别加入大白菜量 4% 食盐,按照肠膜明串珠菌株菌 ZLG85 和嗜酸乳杆菌 L66 菌悬液体积比 1∶1(v∶v)的比例,以 2% 的接种量接种,在 12℃、16℃、20℃、24℃ 和 28℃发酵 15 d,进行感官评价。

(4)发酵时间对辣白菜发酵品质的影响

按照辣白菜的制备工艺,在调味料配制时分别加入大白菜量 4% 食盐,按照肠膜明串珠菌株菌 ZLG85 和嗜酸乳杆菌 L66 菌悬液体积比 1∶1(v∶v)的比例,以 2% 的接种量接种,在 20℃分别发酵 6 d、9 d、12 d、15 d、18 d 和 21 d,进行感官评价。

3.2.1.6　发酵辣白菜制备的正交实验

以发酵辣白菜制备的单因素实验的结果为基础,按照正交试验设计的原理进行正交试验,确定最优工艺参数。

3.2.1.7 发酵辣白菜产品指标检测

(1)发酵辣白菜感官品质分析

发酵结束,将发酵辣白菜从坛中取出,对辣白菜的色泽、香气、滋味和组织状态评价,评价标准见表3-9。

表3-9 发酵辣白菜感官评分标准

项目	评分标准	分值(分)
色泽(20分)	菜茎及菜叶颜色光亮,汤汁颜色鲜红	16~20
	菜茎及菜叶颜色有光泽,汤汁颜色浅红	11~15
	菜茎及菜叶颜色略暗,汤汁颜色微红	6~10
	菜茎及菜叶颜色灰暗,汤汁颜色暗黄	1~5
香气(30分)	具有浓郁乳酸发酵香气,无不良气味	24~30
	具有一定的乳酸发酵香气	16~23
	乳酸发酵香气较淡	8~15
	无乳酸发酵香气,有馊味或其他不良气味	1~7
滋味(30分)	鲜、咸、辣适宜,酸味醇厚	24~30
	咸味及辣味适宜,鲜味及酸味不足	16~23
	鲜味、咸味及辣味一般,带有刺激性酸味	8~15
	带有刺激性酸味及苦味,口感差	1~7
组织状态(20分)	口感脆嫩,无腐败现象	16~20
	口感较脆,无腐败现象	11~15
	口感一般,无腐败现象	6~10
	口感不脆,有腐败现象	1~5

(2)总酸含量测定

按GB/T 5009.51—2003规定的方法测定。

(3)食盐含量

按GB 5009.54—2003规定的方法测定。

(4)发酵辣白菜乳酸菌活细胞数测定

采用MRS琼脂培养基,按照活菌计数法即平板菌落计数法来测定。

(5)发酵辣白菜中亚硝酸盐含量测定

按照国家标准GB 5009.33—2016的分光光度法进行测定。

3.2.2 结果与分析

3.2.2.1 辣白菜发酵的单因素实验

（1）食盐加量对辣白菜发酵品质的影响（图 3-5）

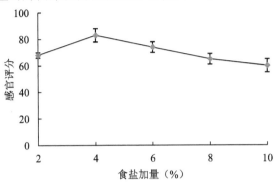

图 3-5 食盐加量对发酵辣白菜品质的影响

由图 3-5 可以看出，食盐加量对辣白菜发酵的品质影响显著，随着食盐加量的增加，辣白菜的感官评分呈现先增加在下降的趋势，这是由于添加食盐可以起到一定的防腐作用，但加量过多会抑制乳酸菌的生长，从而导致辣白菜的感官品质下降。当食盐加量为 4% 时，辣白菜的感官品质最佳，产品鲜味、辣味及咸味较适口，茎叶有光泽，产品脆嫩，汤汁呈鲜红色。

（2）接种量对辣白菜发酵品质的影响（图 3-6）

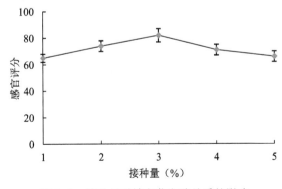

图 3-6 接种量对辣白菜发酵品质的影响

由图 3-6 可以看出，益生菌的接菌量对辣白菜感官品质的影响显著。随着接种量的增大，辣白菜感官品质呈现先提高后下降的趋势。当接种量为 3% 时，辣白菜菜茎及菜叶有光泽,汤汁颜色鲜红,产品乳酸发酵香气较浓,产品鲜味、辣味及咸味较适口。因此通过单因素实验确定辣白菜发酵的适宜的接种量为3%。

(3)发酵温度对辣白菜发酵品质的影响(图3-7)

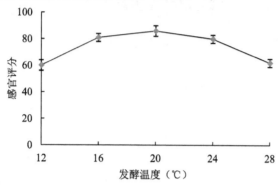

图3-7 发酵温度对辣白菜发酵品质的影响

由图3-7可以看出,发酵温度对辣白菜的感官品质影响显著,在发酵温度12~28℃范围内,随着发酵温度的提高,辣白菜的感官品质呈现先上升再下降的趋势。当发酵温度为20℃时,产品感官评分最高。因此通过单因素实验确定辣白菜发酵适宜的发酵温度为20℃。

(4)发酵时间对辣白菜发酵品质的影响(图3-8)

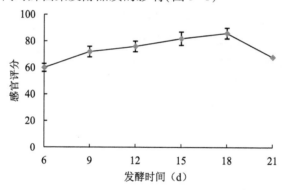

图3-8 发酵时间对辣白菜发酵品质的影响

由图3-8可以看出,发酵时间对辣白菜发酵的感官品质的影响显著。当发酵时间在6~21 d时,随着发酵时间的延长,辣白菜的感官品质呈现先提高后下降的趋势。当发酵时间达到18 d时,辣白菜感官评分达最高,菜茎及菜叶有光泽,汤汁颜色鲜红,产品鲜味、辣味及咸味较适口,产品乳酸发酵香气较浓。因此通过单因素实验确定辣白菜发酵的适宜发酵时间为18 d。

3.2.2.2　辣白菜发酵的正交实验

以辣白菜发酵的单因素实验确定的适宜发酵条件食盐加量4%,接种量3%,发酵温度20℃,发酵时间18 d 为基础,进行 4 因素 3 水平的正交实验,根据辣白菜的评分标准进行辣白菜的感官评价,正交试验因素的因素和水平见表3-10,正交实验设计及结果见表 3-11。

表 3-10　发酵辣白菜制备的正交实验设计

水平	A:食盐加量(%)	B:接种量(%)	C:发酵温度(℃)	D:发酵时间(d)
1	3.0	2.0	18	17
2	4.0	3.0	20	18
3	5.0	4.0	22	19

表 3-11　辣白菜发酵的正交实验设计及结果

试验号	A	B	C	D	感官评分
1	1	1	1	1	69
2	1	2	2	2	72
3	1	3	3	3	78
4	2	1	2	3	75
5	2	2	3	1	88
6	2	3	1	2	82
7	3	1	3	2	80
8	3	2	1	3	86
9	3	3	2	1	73
k_1	73.0	74.7	79.0	76.7	
k_2	81.7	82.0	73.3	78.0	
k_3	79.7	77.7	82.0	79.7	
R	8.7	7.3	8.7	1.3	

由表 3-11 正交实验结果可以看出,辣白菜品质影响各因素的主次顺序为食盐加量=发酵温度>接种量>发酵时间,辣白菜发酵的最佳工艺条件为 $A_2B_2C_3D_3$。即辣白菜制备过程中食盐加量为4%,接种量3%,发酵温度22℃,发酵时间18 d。此工艺条件不在正交实验的 9 组实验中,因此要对正交实验确定的辣白菜的最佳发酵工艺条件进行验证。

3.2.2.3 验证实验

在正交实验确定的辣白菜最佳发酵工艺条件下,即辣白菜制备过程中食盐加量为4%,接种量3%,在22℃发酵时间18 d,进行3次验证实验,实验结果见表3-12。

表3-12 辣白菜发酵的验证实验

实验次数	感官评分
1	91
2	89
3	92
平均	91

由表3-12验证实验结果可以看出,验证实验制备的辣白菜的感官评分为91分,高于正交实验的9组实验,因此通过验证实验证明食盐加量为4%,接种量3%,在22℃发酵时间18 d是正交实验确定的辣白菜最佳发酵工艺条件。

3.2.2.4 辣白菜产品指标

(1)辣白菜产品的感官指标

在正交实验确定的最佳工艺条件下制备的辣白菜的感官指标见表3-13。

表3-13 辣白菜的感官指标

项 目	指 标
颜色	菜茎及菜叶颜色光亮,汤汁颜色鲜红
香气	具有浓郁乳酸发酵香气,无不良气味
滋味	鲜、咸、辣适宜,酸味醇厚,口感协调
组织状态	口感脆嫩,无腐败现象

(2)辣白菜的理化指标

在正交试验确定的最佳工艺条件下制备的辣白菜的理化指标见表3-14。

表3-14 辣白菜的理化指标

项 目	指 标
食盐(%)	3.3

续表

项　目	指标
总酸(以乳酸计,%)	0.96
亚硝酸盐(mg/kg)	5.3

(3)辣白菜汁中活性乳酸菌数

在最佳工艺条件下制备辣白菜,采用平板菌落计数法测定辣白菜汁中的乳酸菌活菌数为 $6.5×10^8$ CFU/mL。

3.2.3　小结

通过单因素和正交实验优化了辣白菜发酵的工艺条件为食盐加量为 4%,接种量 3%,在 22℃ 发酵 18 d。

制备的辣白菜菜茎及菜叶颜色光亮,汤汁颜色鲜红,具有浓郁乳酸发酵香气,鲜、咸、辣适宜,酸味醇厚协调,口感脆嫩。产品食盐含量 3.3%,总酸 0.96%,乳酸菌活菌数 $6.5×10^8$ CFU/mL。

3.3　辅助降胆固醇益生菌发酵豆乳的研制

3.3.1　材料与方法

3.3.1.1　菌种

嗜酸乳杆菌 L66:具有体外降胆固醇功能,巢湖学院食品工程实验室保藏。

3.3.1.2　原料与试剂

大豆:市售;

蔗糖:分析纯,国药集团化学试剂有限公司。

3.3.1.3　主要仪器设备(表 3-15)

表 3-15　主要仪器设备

仪器型号	所用仪器	公司
HHS-21-4	电热数显恒温水浴锅	上海博讯实业有限公司医疗设备厂

仪器型号	所用仪器	公司
TG16Ws	台式高速离心机	湘仪离心机仪器有限公司
LDZM-80KCs-III	立式压力蒸汽灭菌锅	上海申安医疗器械厂
pHB-401	pH 计	上海天达仪器有限公司
SHP-160	智能生化培养箱	上海三发科学仪器有限公司
SW-CJ-2F	超净工作台	苏州市智拓净化设备科技有限公司

3.3.1.4　嗜酸乳杆菌 L66 豆乳发酵剂的制备

将嗜酸乳杆菌 L66 菌悬液用无菌水离心洗涤 2~3 次,用无菌水调至 $5×10^8$ CFU/mL 备用。

3.3.1.5　益生菌发酵豆乳制备工艺

选择颗粒饱满的新鲜大豆,清洗,在 20~25℃ 浸泡 8~12 h,取出,沥干水分。按照干豆重量 1∶6~1∶10 加入 90~95℃ 的热水,磨浆,加蔗糖调配,110~115℃ 高压蒸汽灭菌 15~20 min,冷却至 40℃ 以下,接种嗜酸乳杆菌 L66 菌悬液,恒温发酵后,在 4℃ 冰箱冷藏 12 h。

3.3.1.6　嗜酸乳杆菌 L66 发酵豆乳制备的单因素实验

(1)豆水比对发酵豆乳品质的影响

按照发酵豆乳的制备工艺,采用 1∶6、1∶7、1∶8、1∶9 和 1∶10 的豆水比,在调配时加入 6% 的蔗糖,以 1% 的接种量接种制备的嗜酸乳杆菌 L66 豆乳发酵剂,在 36℃ 发酵 8 h,4℃ 冰箱冷藏 12 h 后进行发酵豆乳感官评价。

(2)蔗糖加量对发酵豆乳品质的影响

按照发酵豆乳的制备工艺,采用 1∶7 的豆水比,在调配时分别加入 2%、4%、6%、8% 和 10% 的蔗糖,以 1% 的接种量接种制备的嗜酸乳杆菌 L66 豆乳发酵剂,在 36℃ 发酵 8 h,在 4℃ 冰箱冷藏 12 h 后进行发酵豆乳感官评价。

(3)接种量对发酵豆乳品质的影响

按照发酵豆乳的制备工艺,采用 1∶7 的豆水比,在调配时加入 6% 的蔗糖,分别以 0.5%、1.0%、1.5%、2.0% 和 2.5% 的接种量接种制备的嗜酸乳杆菌 L66 豆乳发酵剂,在 36℃ 发酵 8 h,在 4℃ 冰箱冷藏 12 h 后进行发酵豆乳感官评价。

（4）发酵时间对发酵豆乳品质的影响

按照发酵豆乳的制备工艺，采用 1∶7 的豆水比，在调配时加入 6% 的蔗糖，以 1.5% 的接种量接种制备的嗜酸乳杆菌 L66 豆乳发酵剂，在 36℃ 分别发酵 4 h、6 h、8 h、10 h 和 12 h，在 4℃ 冰箱冷藏 12 h 后进行发酵豆乳感官评价。

3.3.1.7　发酵豆乳制备的正交实验

以发酵豆乳制备的单因素实验的结果为基础，按照正交试验设计的原理进行正交试验设计确定最优工艺参数。

3.3.1.8　发酵豆乳产品指标检测

（1）发酵豆乳感官品质分析

豆乳发酵冷藏后，从色泽、滋味和气味、组织状态及口感 4 方面对发酵豆乳进行感官评价，感官评价标准见表 3-16。

表 3-16　发酵豆乳感官评分标准

项目	评分标准	分值
色泽（20 分）	颜色呈乳白色或浅黄色，均匀一致，有光泽	16~20
	颜色呈浅黄色，较均匀，微有光泽	11~15
	颜色较暗，较均匀，无光泽	6~10
	颜色较暗，不均匀，无光泽	1~5
滋味和气味（30 分）	具有发酵豆乳固有的香味，无豆腥味，酸甜适口	24~30
	有发酵豆乳的香味，稍有豆腥味，酸味较突出	16~23
	发酵豆乳的香味淡，有豆腥味，酸味较突出	8~15
	无发酵豆乳的香味，有豆腥味及后苦味，酸味过重	1~7
组织状态（30 分）	组织均匀，凝块结实，几乎无乳清析出	24~30
	组织较均匀，凝块较结实，有少量乳清析出	16~23
	组织较均匀，凝块不结实，有乳清析出	8~15
	组织不均匀，有大量乳清析出	1~7
口感（20 分）	口感爽滑细腻，黏稠	16~20
	口感较细腻，爽滑感略差，较黏稠	11~15
	口感较细腻，爽滑较差，口感略稀薄	6~10
	口感粗糙，爽滑感较差，口感稀薄	1~5

(2)酸度测定

按照 GB 5009.239—2016 食品安全国家标准进行测定。

(3)pH 的测定

采用 pHB-401 型 pH 计进行测定。

(4)乳酸菌活细胞数测定

采用 MRS 琼脂培养基,按照活菌计数法即平板菌落计数法来测定。

3.3.2 结果与分析

3.3.2.1 豆乳发酵的单因素实验

(1)豆水比对发酵豆乳品质的影响

由图 3-9 可以看出,当豆水比为 1∶6 和 1∶7 时,发酵豆乳的感官评分最高,且没有显著差异,产品颜色呈淡黄色,均一,有光泽,产品口感爽滑、黏稠,有浓郁的豆乳发酵香味、酸甜较适口,质地较均一,仅有少量乳清析出。随着豆水比的提高,豆乳感官评分逐渐降低,因此,综合成本及产品感官评价,初步确定豆乳发酵适宜的豆水比为 1∶7。

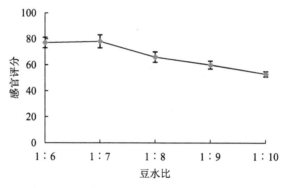

图 3-9　豆水比对发酵豆乳感官品质的影响

(2)蔗糖加量对发酵豆乳品质的影响

由图 3-10 可以看出,蔗糖加量对发酵豆乳的感官评分影响显著,感官评分随着蔗糖添加量的提高呈现先增大后下降的趋势,当蔗糖添加量为 6% 时,发酵豆乳的感官评分最高,产品颜色呈现均匀的淡黄色,有光泽,产品口感较爽滑、黏稠,有浓郁的发酵香味、无豆腥味,酸甜较适口,仅有少量乳清析出。因此,初步确定豆乳发酵适宜的蔗糖加量为 6%。

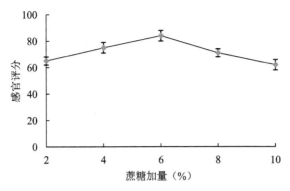

图 3-10　蔗糖加量对发酵豆乳感官品质的影响

（3）接种量对对发酵豆乳品质的影响

由图 3-11 可以看出,接种量对发酵豆乳的感官评分影响显著,当接种量在 0.5%~2.0% 范围内,随着接种量的提高,发酵豆乳的感官评分逐渐提高,当接种量达到 2% 时,产品感官品质最优,产品色泽淡黄、口感爽滑、黏稠,有浓郁的发酵香味、酸甜较适口,仅有少量乳清析出。当接种量大于 2.0% 时,产品酸味增大,在一定程度上掩盖了发酵豆乳香味。因此,通过单因素初步确定豆乳发酵适宜的接种量为 2.0%。

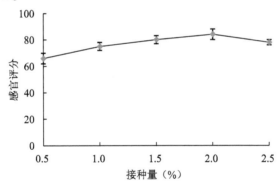

图 3-11　接种量对发酵豆乳感官品质的影响

（4）发酵时间对发酵豆乳品质的影响

由图 3-12 可以看出,在 4~12 h 范围内,发酵时间对豆乳的感官品质影响显著,当发酵时间在 4~8 h 范围内,发酵豆乳的感官评分随着发酵时间的延长而逐渐提高,当发酵时间为 8 h 时,产品感官品质最优,产品色泽均一,有浓郁的发酵香味、口感爽滑、黏稠,酸甜适口,仅有少量乳清析出。当发酵时间大于 8 h 时,发酵豆乳的感官品质随着发酵时间的延长而显著下降,产品酸味突出,有大量乳清析

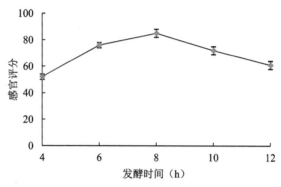

图 3-12 发酵时间对发酵豆乳品质的影响

出,豆乳香味降低。因此,通过单因素初步确定发酵豆乳适宜的发酵时间为 8 h。

3.3.2.2 发酵豆乳制备的正交实验

以豆乳发酵的单因素实验确定的适宜条件即豆水比为 1∶7、蔗糖加量 6%,接种量 2.0%,在 36℃发酵 8 h 为基础,进行 4 因素 3 水平的正交实验,正交试验的因素和水平见表 3-17,正交实验设计及结果见表 3-18。

表 3-17 发酵豆乳制备的正交实验设计

水平	A:料液比	B:蔗糖加量(%)	C:接种量(%)	D:发酵时间(h)
1	1∶6	5.0	1.5	7
2	1∶7	6.0	2.0	8
3	1∶8	7.0	2.5	9

表 3-18 豆乳发酵的正交实验设计及结果

试验号	A	B	C	D	感官评分
1	1	1	1	1	68
2	1	2	2	2	83
3	1	3	3	3	75
4	2	1	2	3	86
5	2	2	3	1	81
6	2	3	1	2	72
7	3	1	3	2	70
8	3	2	1	3	82

试验号	A	B	C	D	感官评分
9	3	3	2	1	69
k_1	75.3	74.7	74.0	72.7	
k_2	79.7	82.0	79.3	75.0	
k_3	73.7	72.0	75.3	81.0	
R	6.0	10.0	5.3	8.3	

由表 3-18 的正交实验结果可以看出,发酵豆乳品质影响各因素的主次顺序为蔗糖加量>发酵时间>豆水比>接种量,豆乳发酵的最佳工艺条件为 $A_2B_2C_2D_3$。即豆水比 1∶7,蔗糖加量 6%,接种量 2.0%,在 36℃发酵 9 h。此豆乳发酵工艺条件不在正交实验的 9 组实验中,因此需要进行验证实验。

3.3.2.3　验证实验

在正交实验确定的豆乳最佳发酵工艺条件下,进行 3 次验证实验,实验结果见表 3-19。

表 3-19　豆乳发酵的验证实验

实验次数	感官评分
1	91
2	88
3	92
平均	90

由表 3-19 验证实验结果可以看出,在豆乳最佳发酵工艺条件下,发酵豆乳的感官评分为 90 分,高于正交实验的 9 组实验,因此通过验证实验证明工艺条件 $A_2B_2C_2D_3$ 即豆水比 1∶7,蔗糖加量 6%,接种量 2.0%,在 36℃发酵 9 h 是豆乳最佳发酵工艺条件。

3.3.2.4　发酵豆乳产品品质分析

(1)发酵豆乳感官指标

在最佳工艺条件下制备的发酵豆乳的感官指标见表 3-20。

表 3-20   发酵豆乳感官指标

项目	评分标准
色泽	浅黄色,均匀一致,有光泽
滋味和气味	具有发酵豆乳固有的香味,无豆腥味、酸甜适口
组织状态	组织较均匀,凝块较结实,有少量乳清析出
口感	口感细腻,爽滑,较黏稠

（2）发酵豆乳理化指标分析

在最佳工艺条件下制备的发酵豆乳的理化指标见表 3-21。

表 3-21   发酵豆乳的理化指标

项目	指标
酸度($°T$)	73.2
pH	4.0

（3）发酵豆乳乳酸菌活菌数

在正交实验优化后的豆乳最佳发酵工艺条件下研制的发酵豆乳产品的益生菌嗜酸乳杆菌 L66 活菌数为 $8.6×10^8$ CFU/mL。

3.3.3   小结

通过单因素和正交实验优化方法确定辅助降胆固醇益生菌嗜酸乳杆菌 L66 发酵豆乳的最佳工艺条件为豆水比 1∶7,蔗糖加量 6%,接种量 2.0%,在 36℃发酵 9 h。

研制的发酵豆乳呈浅黄色,均匀一致,有光泽,具有发酵豆乳固有的香味,无豆腥味、酸甜适口,组织较均匀,凝块较结实,有少量乳清析出,口感细腻,爽滑,黏稠,产品酸度为 73.2 $°T$,益生菌嗜酸乳杆菌 L66 活菌数达 $8.6×10^8$ CFU/mL。

第4章 体外降胆固醇降甘油三酯益生菌的筛选及鉴定

　　益生菌(Probiotics)被定义为一类能定植于宿主体内并能对宿主产生确切健康功效的活性微生物。乳酸菌是公认安全的细菌,并广泛应用于酸菜、酸奶及发酵香肠等发酵食品的生产。乳酸菌因其能产生对致病性大肠杆菌等肠道有害微生物具有抑制作用的乳酸、细菌素、过氧化氢等抗菌物质,从而有利于宿主肠道健康,目前被国内外作为益生菌广泛应用于食品和医药等领域。除了整肠功能以外,国内外学者研究还发现有些乳酸菌还具有抗氧化、辅助降胆固醇、辅助降血压及提高机体免疫力等特殊保健功能。

　　随着人们生活水平的提高和现代生活节奏的加快,人们的膳食结构不断发生变化,饮食中高脂肪、高胆固醇食物比例显著增大。目前研究证明,饮食及血液中胆固醇和甘油三酯的含量过高是血栓、动脉粥样硬化及冠心病等心脑血管疾病发病的主要原因。由于目前心脑血管疾病治疗药物的价格高、副作用大,采用天然食物或有益微生物来辅助降低饮食及血液中的胆固醇和甘油三酯的含量已成为当前防治冠心病等心脑血管疾病的一种安全而有效的方法。近年来,国内外研究者已证明一些乳杆菌属、双歧杆菌属等的乳酸菌具有辅助降低胆固醇的功能。但是,具有辅助降低甘油三酯功能的乳酸菌鲜见报道。此外,从酸菜、发酵肉制品等传统发酵食品中筛选具有辅助降胆固醇及降甘油三酯功能的益生性乳酸菌的报道也相对较少。

　　本研究从传统发酵食品中筛选兼具体外降胆固醇和降甘油三酯功能的益生菌,并对其进行菌种鉴定,为辅助降血脂功能性益生菌制剂及发酵食品的研发和生产奠定基础。

4.1 材料与设备

4.1.1 原料

酸黄瓜、泡菜及传统腊肠。

4.1.2 主要试剂

胆固醇、无水乙醇、碳酸钙:国药集团化学试剂有限公司。

TG 试剂盒:南京建成生物研究所有限公司。

猪胆盐:北京奥博星生物技术有限责任公司。

4.1.3 主要培养基

MRS 肉汤培养基:杭州百思生物技术有限公司。

LB 肉汤培养基:北京奥博星生物技术有限责任公司。

LB 肉汤下层培养基:在制备好的 LB 肉汤液体培养基中加入 1.5~2.0% 的琼脂。

LB 肉汤上层培养基:在制备好的 LB 肉汤液体培养基中加入 0.85~1.0% 的琼脂。

固体 MRS 培养基:在配制的 MRS 肉汤培养基中添加 2% 的琼脂。

胆固醇-MRS 液体培养基:准确称取 0.3 g 胆固醇溶于 50 mL 无水乙醇中,0.45 μm 微孔滤膜过滤,吸取 0.5 mL 加入到 9.5 mL 的 MRS 肉汤培养基中。

$CaCO_3$-MRS 固体培养基:在配制的 MRS 肉汤培养基中添加 2% 的琼脂和 2% 碳酸钙。

甘油三酯-MRS 液体培养基:将 1.5 mL 猪油加入 50 mL 容量瓶中,用无水乙醇定容,超声波溶解 30 min 后用 0.45 μm 微孔滤膜过滤,吸取 0.5 mL 至 9.5 mL 的液体 MRS 培养基中。

4.1.4 主要仪器及设备

CX23 光学显微镜:奥林巴斯(中国)有限公司上海分公司;pHB-401 pH 计:上海天达仪器有限公司;LDZM-80KCs-III 立式压力蒸汽灭菌锅:上海申安医疗器械厂;HHS-21-4 电热恒温水浴锅:上海博讯实业有限公司医疗设备厂;

SW-CJ-2F 超净工作台:苏州市智拓净化设备科技有限公司;TG16Ws 台式高速离心机:湘仪离心机仪器有限公司;SHP-160 智能生化培养箱:上海三发科学仪器有限公司;TU-1810 紫外分光光度计:北京普析通用仪器有限公司。

4.2   方法

4.2.1   乳酸菌的分离

取吸取 1 mL 酸黄瓜汁、泡菜汁及腊肠浸提液于 9 mL 无菌水中,涡旋混匀 1 min;采用 10 倍浓度梯度稀释法进行稀释后,分别吸取 10^{-5},10^{-6},10^{-7} 3 个浓度稀释液 100 μL 于预先准备好的 MRS-CaCO$_3$ 固体培养基平板上,用无菌涂布棒涂布均匀后,在 37℃条件下倒置培养 24~48 h。采用斜面冰箱保藏法,用接种针将在 MRS-CaCO$_3$ 固体培养基平板生长良好的且具有明显溶钙圈的菌落挑至 MRS 固体斜面上,37℃培养 18~24 h。将培养好的固体斜面菌种放置于 4℃冰箱中保藏,备用。

4.2.2   体外降胆固醇乳酸菌的筛选

将筛选出来的保藏在 MRS 固体斜面上的菌种,挑取两环接种到 10 mL MRS 液体培养基中,37℃恒温静置培养 16~18 h 进行活化。将活化的液体菌种按 5% 的接种量接种到含有胆固醇的 MRS 液体培养基中,37℃恒温静置培养 72 h,测定液体培养基中胆固醇含量,计算体外胆固醇降解率。

4.2.3   体外降胆固醇降甘油三酯乳酸菌的筛选

挑取筛选出来的具有体外降胆固醇作用的菌种的斜面培养物 1~2 环,接种到 10 mL MRS 液体培养基中,37℃恒温静置培养 16~18 h,按照 5% 的接种量接种到含有甘油三酯的 MRS 液体培养基中,37℃恒温静置培养 72 h,采用 TG 试剂盒法测定甘油三酯的含量,计算体外甘油三酯降解率。

4.2.4   体外降胆固醇降甘油三酯乳酸菌益生功能评价

4.2.4.1   菌株耐酸及耐胆盐性能测定

(1)耐酸能力测定
将筛选出的具有体外降胆固醇降甘油三酯功能的乳酸菌斜面菌种培养物,

用接种针接种 1~2 环到 10 mL MRS 液体培养基中 37℃恒温静置培养 16~18 h。取 10 mL 菌液 4500 r/min 离心 10 min,弃去上清,将菌体沉淀物加入 10 mL 经 1 mol/L 盐酸调制的 pH 2.0 的生理盐水中,37℃恒温培养 4 h 后,通过平板菌落计数法测定其存活率。

(2)耐胆盐能力测定

将筛选出的乳酸菌斜面菌种培养物,用接种针接种 1~2 环到 10 mL MRS 液体培养基中,37℃恒温静置培养 16~18 h。取 10 mL 菌液 4500 r/min,10 min,弃上清,将菌体加入 10 mL 含 0.3%(w/v)胆盐的生理盐水,37℃恒温培养 4 h 后,通过平板计数法测定其存活率。

4.2.4.2　抑菌性能测定

挑取 2 环斜面冰箱保藏的大肠杆菌和金黄色葡萄球菌培养物,分别接种到 10 mL LB 肉汤培养基中,37℃恒温静置培养 16~18 h。

用接种针挑取乳酸菌斜面培养物 1~2 环,接种到 10 mL 液体 MRS 培养基中,37℃恒温静置培养 16~18 h。

取无菌平皿中加入 15~20 mL 加热熔化的 LB 肉汤下层培养基,放置水平台上凝固后作为底层,凝固后,将牛津杯均匀垂直放置在平板中。取 LB 肉汤上层培养基,加热熔化后,冷却至 50~55℃,加入金黄色葡萄球菌或大肠杆菌菌悬液 0.1~0.2 mL,摇匀后加在 LB 肉汤下层培养基平板上并使之均匀摊平,凝固后作为含菌层。将牛津杯取出,在每个孔内加入乳酸菌培养物 100 μL,盖上皿盖,于 30℃静置培养 18~24 h,测定形成的抑菌圈的大小。

4.2.4.3　疏水性能测定

将乳酸菌斜面菌种 1~2 环,接种到 MRS 液体培养基中,37℃恒温静置培养 16~18 h 后,离心收集菌体(5000 r/min,10 min),用磷酸盐缓冲液(pH 6.8)洗涤菌体 2 次。以相同 pH 的磷酸盐缓冲液为空白对照。用磷酸盐缓冲液(pH 6.8)调整菌液浓度,使其 600 nm 波长下的 OD 值为 0.60+0.02。取 8 mL 乳酸菌菌体重悬液加入 4 mL 二甲苯,对照组不加,预培养 10 min,用涡旋混合器将该两相体系彻底混合 2 min,室温下静置 15 min 使其分层。取水相,以磷酸盐缓冲液(pH 6.8)为空白对照,测定 600 nm 下的 OD 值,按照下列公式计算乳酸菌的表面疏水率。

表面疏水率(%)=(对照组 A_{600}-实验组 A_{600})/对照组 A_{600}×100

4.2.4.4　产酸能力评价

（1）产酸速度的测定

将筛选出的三株乳酸菌的斜面菌种 1~2 环,接种到无菌的改良 MRS 液体培养基中,37℃恒温静置培养 16 h,用无菌蒸馏水调整三种菌株菌悬液的浓度为 $5×10^8$ CFU/mL,按照 2.0%的接种量接入到改良 MRS 液体培养基中,在 37℃静置发酵 24 h,以不接菌种的改良 MRS 液体培养基为空白对照,采用 pH 计测定各菌株发酵液的 pH。

（2）乳酸产量测定

将筛选出的乳酸菌斜面菌种 1~2 环,接种到无菌的改良 MRS 液体培养基中,37℃恒温静置培养 16 h,用无菌蒸馏水调整三种菌株菌悬液的浓度为 $5×10^8$ CFU/mL,按照 2.0%的接种量接入到改良 MRS 液体培养基中,在 37℃静置发酵 24 h,以不接菌种的改良 MRS 液体培养基为空白对照,5000 r/min 离心 15 min,取上清液 1 mL,加入 50 mL 蒸馏水,以酚酞为指示剂,用 0.1 mol/L 的氢氧化钠标准溶液滴定至溶液微红色,记录消耗的氢氧化钠标准溶液的体积,产酸量参照 GB/T 12456—2008《食品中总酸的测定》酸碱中和法中的公式计算。

4.2.5　菌种鉴定

4.2.5.1　菌种形态鉴定

（1）菌种个体显微形态观察

将筛选出的具有体外降胆固醇降甘油三酯功能的益生菌菌株进行平板划线分离,取单菌落菌体进行制片、结晶紫初染、碘液媒染、乙醇脱色和番红复染,采用显微镜油镜观察并拍照。

（2）菌种菌落特征

将筛选出的具有体外降胆固醇降甘油三酯功能的益生菌菌株进行平板划线分离,对菌落形态、大小、颜色进行观察并记录。

4.2.5.2　生理生化鉴定

按照《伯杰氏细菌鉴定手册》对将筛选出来的具有体外降胆固醇降甘油三酯功能的益生菌菌株的厌氧生长情况、运动情况、在 15℃的生长情况、对蔗糖、淀粉、明胶等的利用情况、石蕊牛奶、V-P 实验、酪蛋白分解实验、耐盐等情况进行生理生化实验鉴定。

4.2.5.3　菌种 16S rDNA 鉴定

将筛选出的具有体外降胆固醇降甘油三酯功能的益生菌菌体于 50 μL 的缓冲液 TaKaRa Lysis Buffer for Microorganism to Direct PCR（Code No. 9164）中直接进行 PCR，80℃ 处理 15 min 变性后离心取上清液作为模板。使用 TaKaRa 16S rDNA PCR 试剂盒（Code No. RR176）扩增 PCR 目的片段，反应体系及反应条件：取变性液 1 μL，94℃ 处理 5 min，PCR Permix 在 94℃ 处理 1 min，0.5 μL Forward primer 在 55℃ 处理 1 min，0.5 μL Reverse primer 在 72℃ 处理 1.5 min，16S-free H₂O 72℃ 处理 5 min。使用 Takara Mini BEST Agarose Gel DNA Extraction Kit Ver. 4.0 切胶回收目的片段进行以 SEQ Forward 为引物 DNA 测序，将测定的序列通过 NCBI 上的 Blast 程序在 GenBank 基因库中进行同源性比对。

4.3　结果与分析

4.3.1　乳酸菌的分离及体外降胆固醇乳酸菌的筛选

从酸黄瓜、泡菜及传统腊肠浸提液中筛选出具有明显溶钙圈，表面光滑色泽呈乳白色的单菌落，将其保藏在 MRS 固态斜面培养基上并对其进行编号，共分离出 320 个单菌落，通过发酵测定其体外胆固醇降解率，其中体外胆固醇降解率大于 40% 的菌株共有 48 株，实验结果见表 4-1。

表 4-1　体外降胆固醇乳酸菌的筛选

菌株编号	胆固醇降解率(%)	菌种编号	胆固醇降解率(%)
L1-11	46.21±0.25	L2-48	45.35±0.81
L1-17	45.31±0.56	L2-53	69.33±0.48
L1-24	58.24±0.46	L2-55	60.43±0.30
L1-25	46.36±0.50	L2-58	51.52±0.62
L1-30	44.86±0.32	L2-63	46.18±0.20
L1-33	59.22±0.36	L2-70	45.59±0.67
L1-35	50.63±0.52	L2-73	63.40±0.54
L1-46	45.35±0.81	L2-79	52.43±0.52

菌株编号	胆固醇降解率(%)	菌种编号	胆固醇降解率(%)
L1-53	48.33±0.48	L2-81	65.18±0.24
L1-56	42.32±0.52	L2-87	56.56±0.57
L1-66	49.11±0.27	L2-91	64.33±0.45
L1-75	45.91±0.35	G1-10	54.26±0.73
L1-82	61.33±0.54	G1-28	65.23±0.86
L1-85	55.13±0.68	G1-33	42.48±0.92
L1-91	50.11±0.26	G1-47	58.45±0.79
L1-93	54.22±0.74	G2-06	68.35±0.91
L2-16	64.11±0.58	G2-11	47.00±0.53
L2-22	50.78±0.43	G1-14	48.14±0.66
L2-25	47.51±0.63	G2-16	62.88±0.84
L2-34	44.86±0.32	G2-25	42.13±0.37
L2-36	51.78±0.52	G2-31	45.65±0.99
L2-39	53.64±0.22	G2-38	71.23±0.81
L2-41	59.85±0.68	G2-49	40.19±0.73
L2-43	48.72±0.16	G2-52	71.82±0.64

4.3.2　体外降胆固醇甘油三酯乳酸菌的筛选

将 48 株体外胆固醇降解率超过 40% 的菌株进行体外降甘油三酯能力测定,其中体外甘油三酯降解能力大于 20% 的菌株一共有 16 株,其体外甘油三酯降解率见表 4-2。

表 4-2　16 株菌体外甘油三酯降解率

菌株编号	甘油三酯降解率(%)	菌种编号	甘油三酯降解率(%)
L1-24	35.56±0.47	L2-73	41.38±0.26
L1-53	25.22±0.63	L2-91	31.63±0.82
L1-66	28.72±0.71	G1-10	34.55±0.93
L1-85	36.15±0.62	G1-28	42.93±0.94
L2-16	38.27±0.40	G1-47	41.16±0.83
L2-36	32.16±0.54	G2-25	26.41±0.56
L2-41	36.23±0.38	G2-38	37.66±0.75
L2-48	27.34±0.60	G2-52	23.48±0.87

由表 4-2 可以看出,体外甘油三酯降解率超过 20% 的菌株中,有 8 株菌的体外甘油三酯降解率大于 35%,这 8 株菌中体外胆固醇降解率大于 60% 的菌株有 4 株,分别为 L2-16,L2-73,G1-28 和 G2-38,对四株菌进行益生功能评价。

4.3.3　益生功能评价

4.3.3.1　耐酸耐胆盐的测定

(1)耐酸能力评价

正常人胃液的 pH 一般在 1.5~4.5,作为益生菌在体内发挥益生功能,必须能耐受胃酸和胆盐的不良环境,因此实验考查了菌株 L2-16,L2-73,G1-28 和 G2-38 对 pH 2 环境的耐受情况,实验结果见表 4-3。

表 4-3　菌株耐酸能力测定结果

菌株	培养 0 h 菌落数(CFU/mL)	培养 4 h 菌落数(CFU/mL)	存活率(%)
L2-16	3.8×10^9	3.5×10^9	92.1
L2-73	3.7×10^9	3.4×10^9	91.8
G1-28	3.6×10^9	2.8×10^9	77.8
G2-38	3.8×10^9	1.3×10^9	34.2

由表 4-3 可以看出,菌株 L2-16,L2-73,G1-28 在 pH 2 培养 4 h 后,其存活率为大于 70%,而 G2-38 菌株处理 4 h 后,存活率仅为 34.2%。

(2)耐胆盐能力评价

正常人小肠的胆盐浓度一般在 0.03%~0.3%。作为益生菌在体内发挥益生功能,必须能胆盐的不良环境存活,因此实验考查了菌株 L2-16,L2-73,G1-28 和 G2-38 对 0.1% 胆盐的耐受情况,实验结果见表 4-4。

表 4-4　菌株耐胆盐能力测定结果

检查项目	培养 0 h 菌落数(CFU/mL)	培养 4 h 菌落数(CFU/mL)	存活率(%)
L2-16	3.9×10^9	3.6×10^9	92.3
L2-73	3.6×10^9	3.3×10^9	91.6
G1-28	3.9×10^9	3.4×10^9	87.2
G2-38	3.8×10^9	1.8×10^9	47.4

由表 4-4 可以看出,菌株 L2-16,L2-73,G1-28 经 0.1% 胆盐处理 4 h 后,其

存活率均大于 80%,而 G2-38 菌株处理 4 h 后,存活率仅为 47.4%。

综合菌株的耐酸能力和耐胆盐能力,四株菌种中 L2-16,L2-73,G1-28 具有较好的耐酸耐胆盐能力,因此后续对 L2-16,L2-73,G1-28 进行抑菌能力和黏附能力进行评价。

4.3.3.2 抑菌能力测定

益生菌的重要性质之一是对致病菌的抑菌活力。因此以革兰氏阳性细菌金黄色葡萄球菌和革兰氏阴性细菌大肠杆菌为代表菌株,研究了菌株 L2-16,L2-73 和 G1-28 培养液的抑菌能力,实验结果见表 4-5。

表 4-5 菌株抑菌能力的测定

菌株	对大肠杆菌的抑菌圈直径(mm)	对金黄色葡萄球菌的抑菌圈直径(mm)
L2-16	20.60±0.22	20.28±0.36
L2-73	18.32±0.58	15.34±0.40
G1-28	19.23±0.36	21.86±0.74

由表 4-5 可以看出,菌株 L2-16 和 G1-28 的培养液对革兰氏阳性细菌金黄色葡萄球菌和革兰氏阴性细菌大肠杆菌均有较强的抑制作用,抑菌圈直径大于18 mm,菌株 L2-73 对金黄色葡萄球菌和大肠杆菌的抑制作用最弱。

4.3.3.3 黏附能力评价

益生菌的黏附性可以抑制病原菌在肠道中的黏附,并通过替换作用将已黏附在肠道黏膜上的致病菌取代下来,从而预防和治疗肠道疾病。Perez、赵维俊等人的研究证实了细菌疏水性与肠道上皮细胞黏附力成正相关性。因此疏水性是乳酸菌作为益生菌的一种重要的性能。实验通过研究菌株 L2-16,L2-73 和G1-28 的疏水性来评价其黏附性能,疏水率实验结果见表 4-6。

表 4-6 菌株疏水率的测定结果

菌株	疏水率(%)
L2-16	23.8±1.2
L2-73	29.6±0.6
G1-28	34.81±1.4

由表 4-6 可知,三株菌的疏水率均大于 20%,其中 G1-28 菌株的疏水率最

大为 34.81%。张俊娟筛选的两株具有黏附性的唾液乳杆菌水杨素亚种 CH10 和小鼠乳杆菌 M8,疏水率分别为 29.81% 和 22.45%;林晓姿等人筛选出一株植物乳杆菌 R23,其疏水率达到了 17.71%,并证明其具有较强的黏附能力。研究表明疏水率介于 20% 和 50% 为中度疏水。菌株 L2-16,L2-73 和 G1-28 均为中度疏水,作为益生菌可以在肠道黏膜表面进行黏附。

4.3.3.4 产酸能力评价

(1)产酸速度的测定

在改良的 MRS 培养基中发酵 24 h 后,菌株 L2-16,L2-73 和 G1-28 发酵上清液的 pH 见表 4-7。

表4-7 菌株发酵上清液的 pH

菌株	pH
空白对照	5.76
L2-16	3.84
L2-73	4.31
G1-28	3.98

由表 4-7 可以看出,乳酸菌菌株菌株 L2-16 的的降酸速度最快,发酵 24 h 可使培养基的 pH 由 5.76 下降至 3.84,其次是乳酸菌 G1-28,发酵 24 h 可使 pH 下降至 3.98,pH 均低于 4.0,降酸速度较快。乳酸菌 L2-73 降酸速度最慢,发酵 24 h 后 pH 仅由 5.76 下降至 4.31。

(2)乳酸产量的测定

在改良的 MRS 培养基中发酵 24 h 后,菌株 L2-16,L2-73 和 G1-28 发酵上清液中的总酸含量见表 4-8。

表4-8 菌株发酵上清液的总酸含量

菌株	总酸含量(%)
L2-16	1.38±0.04
L2-73	0.83±0.05
G1-28	1.16±0.03

由表 4-8 可以看出,乳酸菌菌株菌株 L2-73 的产酸能力最低,乳酸菌 L2-16 和 G1-28 发酵后,总酸的含量大于 1.0%,具有较高的产酸能力。

由于筛选的菌株后期要进行发酵果蔬制品的开发,高产酸能力不仅有利于对有害微生物的抑制,也有利于以果蔬为原料发酵产酸,综合 3 株菌的产酸速度和产酸量,以及菌株的耐酸耐胆盐能力、抑菌能力和黏附能力,选择菌株 L2-16和 G1-28 进行后续的研究。

4.3.4　菌种鉴定

4.3.4.1　形态鉴定

(1)个体显微形态

将筛选出的乳酸菌 L2-16 和 G1-28 菌株进行平板划线分离,取单菌落菌体进行革兰氏染色和显微镜油镜观察,菌株的个体显微形态见图 4-1。

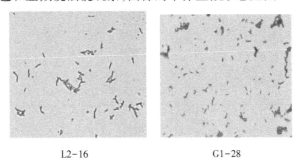

L2-16　　　　　　　　　　G1-28

图 4-1　菌株个体显微形态(10×100)

由图 4-1 可以看出,L2-16 和 G1-28 菌株的细胞为杆形,两株菌细胞的革兰氏染色均为紫色,是革兰氏阳性细菌。

(2)菌落特征

将筛选出的乳酸菌 L2-16 和 G1-28 菌株进行平板划线分离,两菌株的菌落形态如图 4-2 所示。

L2-16　　　　　　　　　　G1-28

图 4-2　菌株菌落形态

由图4-2可以看出,两株菌株 L2-16 和 G1-28 的菌落特征相似,均为圆形,光滑,边缘整齐,颜色为乳白色。

4.3.4.2 菌株的生理生化鉴定

筛选出的 L2-16 和 G1-28 两株菌株的生理生化鉴定结果见表 4-9。

表 4-9 G1-28 菌株的生理生化鉴定结果

实验项目	L2-16	G1-28	实验项目	L2-16	G1-28
厌氧生长	+	+	淀粉水解	+	+
运动	−	−	甲基红	+	+
15℃生长	+	+	明胶	+	+
pH4.5	+	+	硫化氢	−	−
石蕊牛奶	−	−	葡萄糖	+	+
精氨酸产氨	+	+	V-P 实验	+	+
硝酸盐还原实验	−	−	酪蛋白分解实验	−	−
产生吲哚实验	−	−	耐盐性实验	+	+
蔗糖实验	+	+	过氧化氢酶实验	−	−

由表4-9可以看出,L2-16 和 G1-28 两株菌菌株的过氧化氢酶阴性,能在厌氧条件下生长,不能运动,能在 pH 4.5 和 15℃的条件下生长,能将明胶液化,V-P 实验为阳性。

将两株菌株的形态及生理生化实验与《伯杰氏细菌鉴定手册》进行比对,初步将降胆固醇降甘油三酯益生菌 L2-26 和 G1-28 菌株鉴定为乳杆菌属的乳酸菌。

4.3.4.3 16S rRNA 序列鉴定

将 G1-28 和 L2-16 两菌株的 16S rRNA 测序结果通过 NCBI 上的 Blast 程序在 GenBank 基因库中进行比对,菌种同源性结果见表 4-10 和表 4-11。

表 4-10 菌株 G1-28 的 16S rRNA 序列同源性分析

菌株	同源性(%)
Lactobacillus plantarum strain CIP 103151	100.00
Lactobacillus plantarum strain NRRL B-14768	100.00
Lactobacillus plantarum strain NBRC 15891	100.00
Lactobacillus plantarum strain JCM 1149	99.84
Lactobacillus plantarum strain NB 53	99.35

表 4-11　菌株 L2-16 的 16S rRNA 序列同源性分析

菌株	同源性(%)
Lactobacillus acidophilus strain ATCC4356	99.45
Lactobacillus acidophilus strain DSM 20079	99.38
Lactobacillus acidophilus strain PNW3	99.38
Lactobacillus acidophilus strain JY20	99.38
Lactobacillus acidophilus strain ATCC53544	99.38

由表 4-10 可以看出,菌株 G1-28 与植物乳杆菌 *Lactobacillus plantarum* 的同源性可达到 100%,因此将降胆固醇降甘油三酯的益生菌菌株 G1-28 鉴定为植物乳杆菌。由表 4-11 可以看出,菌株 L2-16 与 *Lactobacillus acidophilus* ATCC4356 和 *Lactobacillus acidophilus* ATCC53544 的同源性大于 99%,因此将降胆固醇降甘油三酯的益生菌菌株 L2-16 鉴定为嗜酸乳杆菌。

4.4　小结

从传统发酵食品中筛选到 1 株体外胆固醇降解率 65.23%,甘油三酯降解率 42.93%的菌株 G1-28,和 1 株体外胆固醇降解率 64.11%,甘油三酯降解率 38.27%的菌株 L2-16,两株菌株具有较强的耐酸耐胆盐和产酸能力,并且对金黄色葡萄球菌和大肠杆菌均具有较强抑菌能力。

经形态学、生理生化实验和 16S rDNA 部分序列分析,将菌株 L2-16 鉴定为嗜酸乳杆菌(*Lactobacillus acidophilus*);将菌株 G1-28 鉴定为植物乳杆菌(*Lactobacillus plantarum*)。

第5章　体外降胆固醇降甘油三酯益生菌培养技术

　　随着人们生活水平的提高,开发富含益生菌等具有改善人体健康功能的物质的食品已经成为食品行业的重要发展方向之一。研究表明植物乳杆菌是一种重要的益生菌,能分泌抗生物素类物质,对肠道致病菌产生的拮抗作用,从而对人体产生益生作用。除此之外,某些益生菌还具有同化胆固醇、提高免疫力及抗氧化等特殊保健功能。

　　为了更好的发挥益生菌的保健功能,必须获得大量的益生菌活细胞。高密度培养技术是目前获得高活菌数的有效方法。高密度培养技术是指微生物菌体在液体培养基中培养后其细胞密度达到常规培养的10倍以上的生长状态。一些学者对提高益生菌活细胞数的培养基及培养条件进行了相关研究,取得了一定的研究进展。马宏慧等以麦芽汁为基础培养基,研究确定在其中添加1%乳糖,2%胰蛋白胨,20%西红柿汁和0.2%牛肉膏,干酪乳杆菌的活菌数可达$1.37×10^{10}$ CFU/mL。宋艳等人通过筛选确定嗜酸乳杆菌最适培养基配方为蛋白胨3.5%,酵母提取物0.5%,葡萄糖2%,柠檬酸铵0.2%,磷酸氢二钠0.088%,乙酸钠0.6%,硫酸锰0.025%,硫酸镁0.06%,营养因子1%和吐温80 0.1%,最佳培养条件为初始pH 6.2,接种量1%,在37℃培养23 h;活菌数可达$1.43×10^{11}$ CFU/mL。闫天文等人对植物乳杆菌NDC75017培养基成分及培养条件进行优化,确定最佳培养基为葡萄糖16.31 g/L,乙酸铵5 g/L,胰蛋白胨15 g/L,酵母粉7.5 g/L,牛肉膏7.5 g/L,乙酸钠5 g/L,柠檬酸氢二铵3.52 g/L,吐温80 1.5 mL/L,硫酸镁0.87 g/L,硫酸锰0.41 g/L,在此条件下,细胞活菌数最高可达$6.48×10^{10}$ CFU/mL。赵玉鉴等人研究确定了植物乳杆菌C88培养基的配方为果糖10 g/L,葡萄糖20 g/L,柠檬酸钠5 g/L,大豆蛋白胨26.66 g/L,酵母浸粉13.33 g/L,无水乙酸钠5 g/L,K_2HPO_4 2 g/L,$MgSO_4$ 0.2 g/L,$MnSO_4$ 0.05 g/L,吐温80 1.0 mL/L,并研究确定植物乳杆菌C88的培养条件为流加20%的Na_2CO_3使发酵液的pH维持在6.0~6.5,35℃静止培养16 h,在确定的工艺条件下,植物乳杆菌C88的活菌数可达$9.3×10^{10}$ CFU/mL。刘香英等人对植物乳杆菌K25的培养基和培养条件进行了优化,确定最佳培养基和培养条件,植物乳杆菌K25活菌数可达$5.1×10^{10}$ CFU/mL。隋春光等人对植物乳杆菌LP-S2发酵培养液基进行了优化,确定在葡萄糖 26 g/L,柠檬酸铵 2 g/L,酵母浸粉 34 g/L,K_2HPO_4 2 g/L,乙酸钠 5 g/L,$MgSO_4$ 0.58 g/L,$MnSO_4$ 0.25 g/L,吐温 80 1.0 mL/L 的培养基中,在接种量 4%,33℃,初始 pH 7.2 的条件下,植物乳杆菌 LP-S2 细胞的活菌数可达 $12.5×10^{10}$ CFU/mL。

　　每年我国会产生大量的玉米须、糖蜜等农畜产品加工废弃物。玉米须是玉米的花柱、柱头,在玉米收获时往往被废弃,其中含有多糖、类黄酮、蛋白质、矿物质、类固醇、维生素 C 和维生素 K 等营养物质。糖蜜是大豆加工及制糖工业的废弃物,其中含碳源、无机盐等营养物质。麸皮是小麦加工面粉后得到的副产品,富含膳食纤维、蛋白质、维生素、脂肪、淀粉、矿物质等营养物质。啤酒废酵母是大麦加工成啤酒过程中产生的副产物,其中富含大量的蛋白质、B 族维生素和矿物质。猪血是畜产品加工废弃物,其中富含蛋白质、铁、锌、钙、磷等营养物质(含水分 95%,脂肪 0.2%,蛋白质 4.3%,灰分 0.5%,碳水化物 0.1%)。利用这些副产物制备益生菌的培养基可有效降低益生菌培养基的成本,为益生菌的培养提供全面营养物质,实现益生菌的高密度培养。李云等人以副产物乳清为基础培养基,采用补料培养方法对干酪乳杆菌进行培养,最大菌数达到 $1.95×10^{11}$ CFU/mL。胡渊等人以葡萄糖、酵母提取粉、乳糖、黄豆浆为培养基优化了干酪乳杆菌的培养基和培养条件,确定了最佳的培养基为混合糖添加量 3.77%,黄豆浆添加量 3.96%,酵母提取粉添加量 1.49%,培养条件为接种量 5%,初始 pH 7.0,培养温度 35℃,在该条件下培养液中干酪乳杆菌的活菌数为 $2.81×10^{12}$ CFU/mL。侯爱香等人优化了乳酸菌 R2 的培养基配方为乳清粉 4%,胰蛋白胨 0.5%,硫酸铵 1.5%,酵母浸出粉 2%,pH 6.0,以 3%接种量于 29℃培养 21 h,活菌数可达 $1.85×10^{12}$ CFU/mL。刘成国等人研究优化了益生菌的培养基和培养条件,确定牛乳中添加 0.8%的大豆多肽和 2.9%的葡萄糖,干酪乳杆菌与双歧杆菌接种的体积比 3∶1,接种量 6%,发酵温度 34℃,最大活菌数可达 $4.1×10^{11}$ CFU/mL,在 4℃贮藏 21 d 后,活菌数仍然保持在 $4.7×10^{10}$ CFU/mL。刘栋等人对罗伊氏乳杆菌 LT018 高密度培养生长因素进行了研究,确定最佳培养基为以 TPY 为基础的培养基,添加柠檬酸 0.4 g/L,胰蛋白胨 12.13 g/L,L-半胱氨酸 0.6 g/L,在接种量 4%,初始 pH 7.0,37℃静置培养,罗伊氏乳杆菌 LT018 的活菌数可达 $7.13×10^{10}$ CFU/mL。王玉林等人对植物乳杆菌 N9 的培养基和条件进行了优化,研究表明在最佳培养基中,恒定 pH 5.5 的分批培养工艺条件下,植物乳杆菌 N9 的活菌数可达 $6.2×10^{10}$ CFU/mL。

　　前期试验从发酵食品中分离筛选到具有体外降胆固醇降甘油三酯功能的益

生菌嗜酸乳杆菌 L2-16 和植物乳杆菌 G1-28。为了更好地发挥益生作用,获得大量的活细胞,对两株益生菌菌株的培养基和培养条件进行了研究和优化。

5.1　植物乳杆菌 G1-28 培养工艺研究

5.1.1　材料

5.1.1.1　菌种

植物乳杆菌 G1-28:从发酵食品中分离的具有体外降胆固醇和甘油三酯功能的益生菌,于巢湖学院食品工程实验室保藏。

5.1.1.2　实验试剂

MRS 培养基:北京奥博星生物技术有限责任公司。

氢氧化钠、葡萄糖、果糖、乳糖、淀粉、蛋白胨、酵母浸粉、硫酸铵、硝酸钠、牛肉膏、硫酸镁、氯化钠、盐酸均为分析纯。

5.1.1.3　主要仪器设备

TU-1810 紫外分光光度计:北京普析通用仪器有限公司;LDZM-80KCs-Ⅲ立式压力蒸汽灭菌锅:上海申安医疗器械厂;pHB-401 pH 计:上海天达仪器有限公司;SHP-160 智能生化培养箱:上海三发科学仪器有限公司;TG16Ws 台式高速离心机:湘仪离心机仪器有限公司;SW-CJ-2F 超净工作台:苏州市智拓净化设备科技有限公司。

5.1.2　实验方法

5.1.2.1　植物乳杆菌 G1-28 菌种活化及培养

将-20℃甘油管保藏的植物乳杆菌 G1-28 菌种,按照 1% 的接种量接入 10 mL 已灭菌的 MRS 液体培养基中,37℃静置培养 12~14 h 进行活化。按照 1% 的接种量将活化后的植物乳杆菌 G1-28 培养液接入装有 50 mL 已灭菌的 MRS 液体培养基中,37℃静置培养 12~14 h 备用。

5.1.2.2　植物乳杆菌 G1-28 培养基的单因素实验

（1）基础培养基的确定

改良的 MRS 培养基、TEG 培养基、ATP 培养基和 SL 培养基和营养肉汤培养基中,培养条件为初始 pH 为 6.0,按 2%的接种量,30℃静置培养 16 h(以下同),培养后测定各培养基对植物乳杆菌 G1-28 菌体生长的影响。

（2）碳源的选择及其浓度的确定

以营养肉汤培养基为基础培养基,分别添加 1.0%的葡萄糖、蔗糖、果糖、乳糖、淀粉作为碳源,调节初始 pH6.0,接种量 2%,30℃静置培养 16 h,测定碳源种类对植物乳杆菌 G1-28 菌体生长的影响。

以氮源 1%、NaCl 0.5%为基础,研究添加 0.5%、1.0%、1.5%、2.0%、2.5%和 3.0%的碳源浓度对植物乳杆菌 G1-28 菌体生长的影响。

（3）氮源的选择及其浓度的确定

以营养肉汤培养基为基础培养基,分别以 1.0%的蛋白胨、硫酸铵、酵母浸粉、硝酸铵、牛肉膏作为氮源,调节初始 pH 6.0,接种量 2%,30℃静置培养 16 h,测定氮源种类对植物乳杆菌 G1-28 菌体生长的影响。

在确定的最佳氮源种类的基础上,研究 0.5%、1.0%、1.5%、2.0%、2.5%和 3.0%的氮源浓度对植物乳杆菌 G1-28 菌体生长的影响。

（4）硫酸镁对菌体生长的影响

在营养肉汤培养基中分别添加 0、0.1‰、0.2‰、0.3‰、0.4‰、0.5‰硫酸镁,调节初始 pH 6.0,接种量 2%,30℃静置培养 16 h,测定其对植物乳杆菌 G1-28 菌体生长的影响。

（5）番茄汁对菌体生长的影响

将新鲜成熟番茄清洗干净后去蒂去皮,切块放入榨汁机中压榨,得到新鲜的番茄汁。添加 0、5%、10%、15%、20%新鲜番茄汁,调节初始 pH 6.0,接种量 2%,30℃静置培养 16 h 测定其对植物乳杆菌 G1-28 菌体生长的影响。

5.1.2.3　植物乳杆菌 G1-28 培养基研究的正交实验

在培养基单因素实验的基础上,采用 4 因素 3 水平的正交实验进行植物乳杆菌 G1-28 培养基的优化。

5.1.2.4　植物乳杆菌 G1-28 培养条件的单因素试验

（1）初始 pH 对植物乳杆菌 G1-28 菌体生长的影响

在最佳培养基中，用 1 mol/L 的盐酸或氢氧化钠分别将培养基的初始 pH 调整到 4.0、5.0、6.0、7.0 和 8.0，在 30℃静置培养 24 h，测定植物乳杆菌 G1-28 菌体的生长量。

（2）接种量对植物乳杆菌 G1-28 菌体生长的影响

在最佳培养基中，用 1 mol/L 的盐酸或氢氧化钠将培养基的初始 pH 调整到 6.0，分别接种 1%、2%、3%、4%、5% 和 6% 的植物乳杆菌 G1-28 培养液，在 30℃静置培养 24 h，测定植物乳杆菌 G1-28 菌体的生长量。

（3）培养温度对植物乳杆菌 G1-28 菌体生长的影响

在最佳培养基中，用 1 mol/L 的盐酸或氢氧化钠将培养基的初始 pH 调整到 7.0，分别在 24℃、28℃、32℃、36℃和 40℃静置培养 24 h，测定植物乳杆菌 G1-28 菌体的生长量。

（4）培养时间对植物乳杆菌 G1-28 菌体生长的影响

在最佳培养基中，用 1 mol/L 的盐酸或氢氧化钠将培养基的初始 pH 调整到 7.0，分别在 32℃静置培养 8 h、12 h、16 h、20 h、24 h、28 h，测定植物乳杆菌 G1-28 菌体的生长量。

5.1.2.5　植物乳杆菌 G1-28 培养条件的正交试验

在培养条件单因素实验的基础上，进行 4 因素 3 水平的正交实验，确定植物乳杆菌 G1-28 的最佳培养条件。

5.1.2.6　植物乳杆菌 G1-28 生长量的测定

采用平板计数法测定植物乳杆菌 G1-28 活菌数。将菌悬液进行 10 倍梯度稀释，取合适的 3 个稀释度的植物乳杆菌 G1-28 菌悬液各 0.1 mL，涂布在制备好的 MRS 固态培养基平板表面，37℃倒置培养 24 h，计数平板表面生长的菌落数乘稀释倍数，即为植物乳杆菌 G1-28 菌体活细胞数。

5.1.3　结果与分析

5.1.3.1　植物乳杆菌 G1-28 培养基的单因素实验

（1）植物乳杆菌 G1-28 基础培养基的确定（图 5-1）

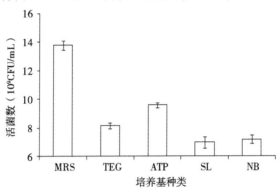

图 5-1　培养基种类对菌体生长的影响

由图 5-1 可以看出，MRS 培养基最利于植物乳杆菌 G1-28 菌体生长，依次是 ATP 培养基、TEG 培养基、营养肉汤（NB）和 SL 培养基，但由于 MRS 培养基中有十几种生化试剂，配制复杂且成本高，营养肉汤培养基配制方便，成本低廉，因此实验以营养肉汤为培养基进行优化。

（2）碳源对植物乳杆菌 G1-28 菌体生长的影响

①碳源种类对植物乳杆菌 G1-28 生长的影响（图 5-2）。

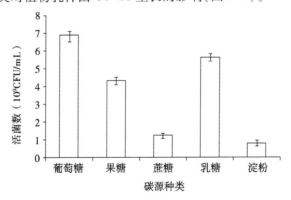

图 5-2　碳源种类对植物乳杆菌 G1-28 生长的影响

由图 5-2 可知，植物乳杆菌 G1-28 在以葡萄糖为碳源的培养基中，活菌数最高,在添加乳糖和果糖的培养基中,植物乳杆菌 G1-28 的活菌数相对较低,在蔗糖和淀粉的培养基中,植物乳杆菌 G1-28 的活菌数最低。因此,实验结果表明了葡萄糖作为培养植物乳杆菌 G1-28 的碳源,能更好的被其利用并促进其生长繁殖。

②葡萄糖添加量对植物乳杆菌 G1-28 生长的影响(图 5-3)。

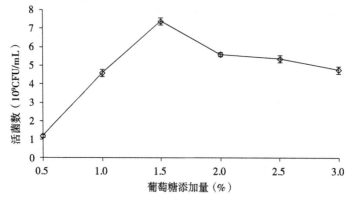

图 5-3　葡萄糖添加量对植物乳杆菌生长的影响

由图 5-3 可知,植物乳杆菌 G1-28 在葡萄糖浓度为 1.5% 的培养基中活菌数最高,随着葡萄糖添加量的增加,植物乳杆菌 G1-28 的活菌数呈现下降趋势,可能是因为葡萄糖浓度过高导致菌体呼吸加快,使代谢产物不能完全氧化分解而积累在培养基中,导致培养基中的 pH 过低,影响某些与生长有关的酶的活性,不利于植物乳杆菌 G1-28 的生长。因此选择 1.5% 的葡萄糖作为植物乳杆菌 G1-28 生长适宜的碳源浓度。

（3）氮源对植物乳杆菌 G1-28 生长的影响

①氮源种类对植物乳杆菌 G1-28 生长的影响(图 5-4)。

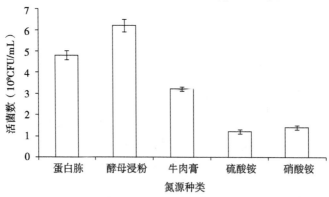

图 5-4　氮源种类对植物乳杆菌 G1-28 生长的影响

氮源是用于构成菌体细胞物质和代谢产物的氮素来源,通常可以分为有机氮源和无机氮源。由图 5-4 可知,植物乳杆菌 G1-28 在添加酵母浸粉、蛋白胨和牛肉膏等有机氮源的培养基中的活菌数显著高于添加硫酸铵和硝酸铵等无机氮源的培养基。在有机氮源中酵母浸粉最利于植物乳杆菌 G1-28 的生长。因此确定酵母浸粉为植物乳杆菌 G1-28 生长所需的最佳氮源。

②酵母浸粉添加量对植物乳杆菌 G1-28 生长的影响(图 5-5)。

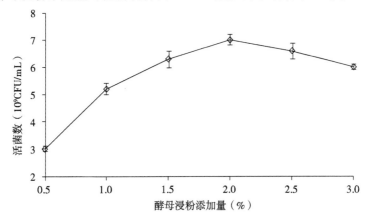

图 5-5　酵母浸粉添加量对植物乳杆菌 G1-28 生长的影响

由图 5-5 可知,酵母浸粉添加量在 0.5~2.0% 的范围内,植物乳杆菌 G1-28 活菌数呈上升趋势,但当酵母浸粉添加量大于 2.0% 时,植物乳杆菌 G1-28 活菌数则呈下降的趋势,因此选择酵母浸粉添加量 2.0% 作为植物乳杆菌 G1-28 生长适宜的氮源浓度。

(4)硫酸镁对植物乳杆菌 G1-28 生长的影响(图 5-6)

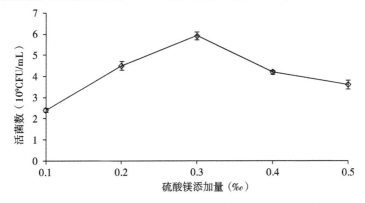

图 5-6　硫酸镁添加量对植物乳杆菌 G1-28 生长的影响

由图 5-6 可知,硫酸镁对植物乳杆菌 G1-28 生长的影响显著,在硫酸镁添加量为 0.3‰的培养基中,植物乳杆菌 G1-28 的活细胞数最大,但当硫酸镁添加量过大(大于 0.3‰)时,则不利于植物乳杆菌 G1-28 的生长。因此选择硫酸镁添加量 0.3‰作为植物乳杆菌 G1-28 生长适宜的无机盐浓度。

(5)番茄汁对植物乳杆菌 G1-28 生长的影响(图 5-7)

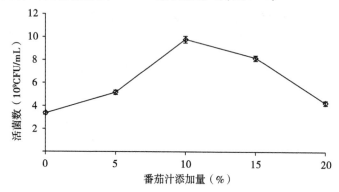

图 5-7　番茄汁添加量对植物乳杆菌 G1-28 生长的影响

番茄汁含有丰富的碳源、维生素及微量元素等营养成分,可以为微生物提供糖类、矿物质和 B 族维生素等多种营养成分。由图 5-7 可知,番茄汁添加量对植物乳杆菌 G1-28 的生长有促进作用。在番茄汁添加量为 0~10%的培养基中,植物乳杆菌 G1-28 活菌数呈增加的趋势,当番茄汁添加量大于 10%时,植物乳杆菌 G1-28 活菌数呈现明显的下降趋势,可能是番茄汁添加量过高,导致培养基的 pH 过低,不利于植物乳杆菌 G1-28 的生长,因此选择番茄汁的适宜添加量为 10%。

5.1.3.2　植物乳杆菌 G1-28 培养基的正交实验

根据单因素实验的结果,采用了 $L_9(4^3)$ 正交实验,实验设计见表 5-1,实验结果见表 5-2。

表 5-1　正交实验设计表

水平	A:葡萄糖添加量(%)	B:酵母浸粉添加量(%)	C:硫酸镁添加量(‰)	D:番茄汁添加量(%)
1	1.0	1.5	0.2	5
2	1.5	2.0	0.3	10
3	2.0	2.5	0.4	15

表 5-2　正交实验结果

试验号	A	B	C	D	活细胞数 (10^9 CFU/mL)
1	1	1	1	1	6.8
2	1	2	2	2	9.2
3	1	3	3	3	12.3
4	2	1	2	3	10.8
5	2	2	3	1	14.6
6	2	3	1	2	16.3
7	3	1	3	2	8.5
8	3	2	1	3	11.4
9	3	3	2	1	17.3
k_1	9.4	8.7	11.5	12.9	
k_2	13.9	11.7	12.4	11.3	
k_3	12.4	15.3	11.8	11.5	
R	4.5	6.6	0.9	1.4	

由表 5-2 可以看出,培养基中的营养成分对植物乳杆菌 G1-28 生长的影响次序依次是酵母浸粉添加量>葡萄糖添加量>番茄汁添加量>硫酸镁添加量。植物乳杆菌 G1-28 最佳培养基配方为 $A_2B_3C_2D_1$,由于此配方不在正交实验的 9 组配方中,因此需要进行验证实验。

根据正交实验所获得的最优组合培养基成分,即葡萄糖添加量 1.5%、酵母浸粉添加量 2.5%、硫酸镁添加量 0.3‰、番茄汁添加量 5%;在初始 pH 为 6.0,按 2%接种量,30℃静置培养 16 h,进行三次平行试验,测得植物乳杆菌 G1-28 活细胞数为 19.8×10^9 CFU/mL,验证实验的活细胞数大于正交实验中的任一组合的结果,因此确定 $A_3B_2C_1D_3$ 是最优组合。在优化后的培养基菌体生长量大于 MRS 培养基。

5.1.3.3　培养条件的单因素实验

(1)初始 pH 对植物乳杆菌 G1-28 菌体生长的影响

由图 5-8 可知,培养基的初始 pH 对植物乳杆菌 G1-28 菌体生长的影响显著,在 pH 4.0~7.0 范围内,随着初始 pH 的升高,植物乳杆菌 G1-28 菌体的活细胞数显著增大,当 pH 大于 7.0 时,植物乳杆菌 G1-28 菌体活细胞数显著下降,因

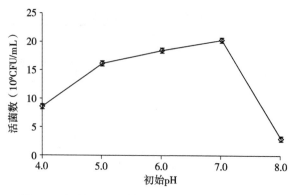

图 5-8　初始 pH 对植物乳杆菌 G1-28 生长的影响

此,植物乳杆菌 G1-28 菌体生长的适宜 pH 为 7.0。

(2)接种量对植物乳杆菌 G1-28 菌体生长的影响(图 5-9)

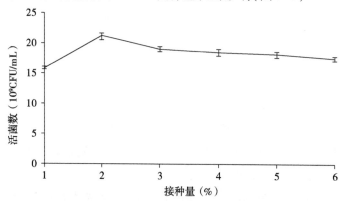

图 5-9　接种量对植物乳杆菌 G1-28 菌体生长的影响

由图 5-9 可知,接种量对植物乳杆菌 G1-28 菌体生长的影响显著,在接种量小于 2.0%时,随着接种量的提高,植物乳杆菌 G1-28 菌体活细胞数显著增大,当接种量大于 2.0%时,植物乳杆菌 G1-28 菌体活细胞数不再增加,呈现下降的趋势,因此,植物乳杆菌 G1-28 菌体生长的适宜接种量为 2.0%。

(3)培养温度对植物乳杆菌 G1-28 菌体生长的影响

由图 5-10 可知,培养温度对植物乳杆菌 G1-28 菌体生长的影响显著,在培养温度小于 32℃时,随着培养温度的提高,植物乳杆菌 G1-28 菌体活细胞数显著增大,当培养温度大于 32℃时,随着温度的提高,植物乳杆菌 G1-28 菌体活细胞数不再增加,呈现下降的趋势,因此,植物乳杆菌 G1-28 菌体生长的适宜培养温度为 32℃。

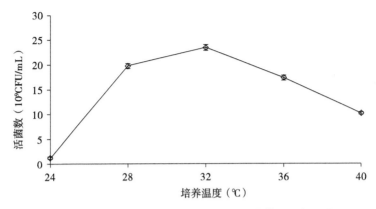

图 5-10　培养温度对植物乳杆菌 G1-28 菌体生长的影响

（4）培养时间对植物乳杆菌 G1-28 菌体生长的影响（图 5-11）

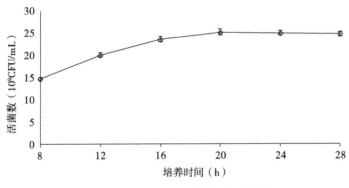

图 5-11　培养时间对菌体生长的影响

由图 5-11 可知,培养时间对植物乳杆菌 G1-28 菌体生长的影响显著,在培养时间小于 20 h 时,随着培养时间的延长,植物乳杆菌 G1-28 菌体活细胞数显著增大,当培养时间大于 20 h 时,随着培养时间的延长,植物乳杆菌 G1-28 菌体的活细胞数不再显著增加,因此,植物乳杆菌 G1-28 菌体生长的适宜培养时间为 20 h。

5.1.3.4　植物乳杆菌 G1-28 培养条件的正交实验

根据单因素实验的结果,采用了 $L_9(4^3)$ 正交实验优化植物乳杆菌 G1-28 的培养条件,实验设计见表 5-3,实验结果见表 5-4。

表 5-3　植物乳杆菌 G1-28 培养条件正交实验设计表

水平	A：初始 pH	B：接种量(%)	C：培养温度(℃)	D：培养时间(h)
1	6.5	1.5	30	16
2	7.0	2.0	32	20
3	7.5	2.5	34	24

表 5-4　植物乳杆菌 G1-28 培养条件正交实验结果

试验号	A	B	C	D	活细胞数 (10^9 CFU/mL)
1	1	1	1	1	21.4
2	1	2	2	2	25.9
3	1	3	3	3	17.7
4	2	1	2	3	18.8
5	2	2	3	1	23.4
6	2	3	1	2	15.0
7	3	1	3	2	13.8
8	3	2	1	3	16.9
9	3	3	2	1	11.7
k_1	21.7	18.0	17.8	18.8	
k_2	19.1	22.1	18.8	18.2	
k_3	14.1	14.8	18.3	17.8	
R	7.6	7.3	1.0	1.0	

由表 5-4 可以看出,各培养因素对植物乳杆菌 G1-28 生长的影响次序依次是初始 pH>接种量>培养温度=培养时间。植物乳杆菌 G1-28 最佳培养条件为 $A_1B_2C_2D_1$,由于该培养条件不在正交实验的 9 组条件中,因此需要进行培养条件验证实验。

在正交实验所确定的最优培养条件下,即在初始 pH 为 6.5,按 2%接种量,32℃静置培养 16 h,进行三次平行试验,测得植物乳杆菌 G1-28 活细胞数为 26.2×10^9 CFU/mL,验证实验的活细胞数大于正交实验中的任一组合的实验结果,因此确定 $A_1B_2C_2D_1$ 是植物乳杆菌 G1-28 最佳培养条件。

5.1.4　小结

以营养肉汤为基础培养基,通过单因素试验研究表明葡萄糖添加量、酵母浸粉添加量、硫酸镁添加量、番茄汁添加量对植物乳杆菌 G1-28 生长影响显著。通过正交试验确定植物乳杆菌 G1-28 最佳培养基配方为葡萄糖添加量 1.5%、酵母浸粉添加量 2.5%、硫酸镁添加量 0.3‰、番茄汁添加量 5%。

通过单因素及正交实验对植物乳杆菌 G1-28 的最佳培养条件进行优化,确定最佳培养条件为初始 pH 为 6.5,接种量 2%,32℃ 静置培养 16 h,在优化的培养基和培养条件下植物乳杆菌 G1-28 活细胞数可达 26.2×10^9 CFU/mL。

5.2　基于农畜副产物的植物乳杆菌 G1-28 培养工艺研究

5.2.1　材料

5.2.1.1　菌种

植物乳杆菌 G1-28:从发酵食品中分离的具有体外降胆固醇和甘油三酯功能的益生菌,于巢湖学院食品工程实验室保藏。

5.2.1.2　实验试剂

MRS 培养基北京奥博星生物技术有限责任公司。

玉米须:市售整棒玉米中获取;新鲜猪血:市售。

麸皮:晨曦有机饲料经营部。

纤维素酶:1 万活力单位,南宁东恒华道生物科技有限责任公司。

中温型淀粉酶:6000 U/mL,糖化酶:15 万 U/mL,夏盛实业集团。

蛋白酶:中性蛋白酶,酶活力 ≥ 6000 U/g,北京奥博星生物技术有限责任公司。

5.2.1.3　主要仪器设备

HHS-21-4 水浴锅:上海博讯实业有限公司医疗设备厂;SHP-160 智能生化培养箱:上海三发科学仪器有限公司;TU-1810 紫外分光光度计:北京普析通用仪器有限公司;LDZM-80KCs-Ⅲ 立式压力蒸汽灭菌锅:上海申安医疗器械厂;pHB-401 pH 计:上海天达仪器有限公司;TG16Ws 台式高速离心机:湘仪离心机仪器有限公司;SW-CJ-2F 超净工作台:苏州市智拓净化设备科技有限公司。

5.2.2 实验方法

5.2.2.1 菌种活化及培养

将-20℃甘油管保藏的植物乳杆菌G1-28菌种按照1%的接种量接入10 mL已灭菌的MRS液体培养基中,37℃静置培养12 h进行活化。按照2%的接种量将植物乳杆菌G1-28菌悬液接入装有50 mL已灭菌的MRS液体培养基中,37℃静置培养12 h备用。

5.2.2.2 农畜副产物营养液的制备

(1)玉米须水解液的制备

将玉米须称重后加入重量3倍的自来水漂洗干净,捞出,添加重量4倍的水磨浆,加热至50℃,用1 mol/L HCl调整pH 6.0,添加3‰的纤维素酶水解3 h,5000 r/min离心15 min,90~100℃灭菌15~20 min,冷却,制备成玉米须水解液。

(2)猪血水解液的制备

将市售新鲜猪血,加入4倍自来水,磨浆,加热至55℃添加2‰的蛋白酶水解4 h,5000 r/min离心15 min,取上清液,90~100℃灭菌15~20 min,冷却,制备成猪血水解液。

(3)糖蜜溶液的制备

将糖蜜添加6倍重量的水进行稀释,5000 r/min离心15 min,取上清液,90~100℃灭菌15~20 min,冷却,制备成糖蜜溶液。

5.2.2.3 基础培养基中各营养物组成的单因素实验

(1)玉米须水解液添加量的确定

在100 mL水中添加30%猪血水解液和30%糖蜜溶液,然后分别添加0、10%、20%、30%、40%、50%和60%的玉米须水解液,110℃灭菌15 min,冷却至35℃以下,接种2%的植物乳杆菌G1-28培养液,在32℃静置培养16 h,测定菌体生长量。

(2)猪血水解液添加量的确定

在100 mL水中添加30%的玉米须水解液和30%的糖蜜溶液,然后分别添加0、10%、20%、30%、40%、50%和60%的猪血水解液,110℃灭菌15 min,冷却至35℃以下,接种2%的植物乳杆菌G1-28培养液,在32℃静置培养16 h,测定菌体生长量。

(3)糖蜜溶液添加量的确定

在 100 mL 水中添加 30%的玉米须水解液和 30%的猪血水解液,然后分别添加 0、10%、20%、30%、40%、50%和 60%的糖蜜溶液,110℃灭菌 15 min,冷却至 35℃以下,接种 2%的植物乳杆菌 G1-28 培养液,在 32℃静置培养 16 h,测定菌体生长量。

5.2.2.4　基础培养基中各营养物组成的优化

根据单因素实验结果进行 3 因素 3 水平的正交实验。并对优化的实验结果进行验证。

5.2.2.5　流加培养基的制备

(1)麸皮水解液的制备

将麸皮加入重量 5 倍的水,水浴升温至 85~90℃,维持 20~30min,冷却至 70℃添加中温型淀粉酶 0.05%,维持 30 min,冷却至 60℃,添加糖化酶 0.04%,酶解 30 min,4 层无菌纱布过滤,取滤液制备成麸皮浸出液。

(2)啤酒废酵母水解液的制备

将干燥的啤酒废酵母加入重量 10 倍的水,超声细胞破碎仪破碎 10 min,在 50℃处理 5 h,离心取上清液,制备成酵母浸提液。

(3)两种营养物质组成的确定

将麸皮水解液和酵母浸提液按照 3:1、2:1、1:1、1:2、1:3 的比例混合,110℃灭菌 15 min,冷却至 40℃以下,制成益生菌流加培养基。将植物乳杆菌 G1-28 液体菌种按照 2%的接种量接入益生菌基础培养基中,32℃培养 10 h 后,添加基础培养基体积 10%的植物乳杆菌 G1-28 流加培养基,培养至 20 h,测定植物乳杆菌 G1-28 的细胞生长量。

5.2.2.6　益生菌流加培养条件研究

(1)流加量对植物乳杆菌 G1-28 菌体生长的影响

将植物乳杆菌 G1-28 液体菌种按照 2%的接种量接入益生菌基础培养基中,32℃培养 10 h 后,添加基础培养基体积 0、5%、10%、15%、20%和 25%的益生菌流加培养基,培养至 20 h,测定植物乳杆菌 G1-28 的细胞生长量。

（2）流加方式对植物乳杆菌 G1-28 菌体生长的影响

将植物乳杆菌 G1-28 液体菌种按照 2% 的接种量接入益生菌基础培养基中，32℃培养 10 h，采用一次性添加 10%、每隔 2 h 添加 2%、每隔 3 h 添加 3%，每隔 4 h 添加，4% 体积的流加培养基，培养总时间为 20 h，测定植物乳杆菌 G1-28 的细胞生长量。

（3）流加过程中调节 pH 对植物乳杆菌 G1-28 菌体生长的影响

将植物乳杆菌 G1-28 液体菌种按照 2% 的接种量接入益生菌基础培养基中，32℃培养 10 h 后，每隔 3 h 流加基础培养基体积 3% 的益生菌流加培养基，同时用 10% 的 Na_2CO_3 将培养基的 pH 分别调整至 5.0、5.5、6.0、6.5、7.0，培养 20 h，测定植物乳杆菌 G1-28 的细胞生长量。

（4）流加培养时间对植物乳杆菌 G1-28 菌体生长的影响

将植物乳杆菌 G1-28 液体菌种按照 2% 的接种量接入益生菌基础培养基中，32℃培养 10 h 后，每隔 3 h 流加基础培养基体积 3% 的益生菌流加培养基，每次流加时将培养基的 pH 调整至 6.0，分别培养至 13 h、16 h、19 h、22 h、25 h 和 28 h，测定植物乳杆菌 G1-28 的细胞生长量。

5.2.2.7　植物乳杆菌生长量的测定

采用平板计数法测定植物乳杆菌 G1-28 的活菌数。将植物乳杆菌 G1-28 菌悬液进行 10 倍梯度稀释，取合适的三个稀释度的菌悬液各 0.1 mL，涂布在制备好的 MRS 固态培养基平板表面，37℃倒置培养 24 h，计数平板表面生长的菌落数，乘以稀释倍数，即为植物乳杆菌 G1-28 菌体的活细胞数。

5.2.3　结果与分析

5.2.3.1　基础培养基中各营养物组成的单因素实验

（1）玉米须水解液添加量的确定

玉米须是一种农业副产物，在玉米收获时往往被废弃，其中含有多糖、蛋白质、类黄酮、类固醇、矿物质、维生素 C 和维生素 K 等营养物质，为了充分利用玉米须中的营养成分，实验研究了玉米须水解液对植物乳杆菌 G1-28 生长的影响，实验结果见图 5-12。

由图 5-12 可知，玉米须水解液添加量对植物乳杆菌 G1-28 菌体生长的影响显著，当玉米须水解液的添加量小于 30% 时，随着添加量的增加，植物乳杆菌

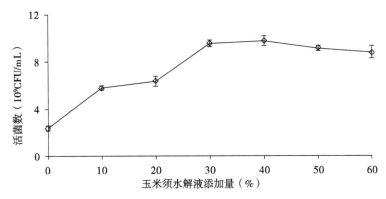

图 5-12　玉米须水解液添加量对植物乳杆菌 G1-28 菌体生长的影响

G1-28 细胞活菌数显著增大,当玉米须水解液添加量大于 30% 时,随着添加量的增加,植物乳杆菌 G1-28 细胞的活菌数不再增加,因此,玉米须水解液的适宜添加量为 30%。

（2）猪血水解液添加量的确定

猪血是畜产品加工废弃物,其中富含约 4.3% 的蛋白质及铁、锌、钙、磷等微生物生长需要的无机盐,为了充分利用猪血废弃物,实验研究了猪血水解液添加量对植物乳杆菌 G1-28 生长的影响,实验结果见图 5-13。

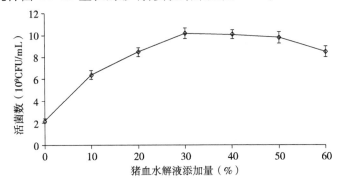

图 5-13　猪血水解液添加量对植物乳杆菌 G1-28 菌体生长的影响

由图 5-13 可知,猪血水解液添加量对植物乳杆菌 G1-28 菌体生长的影响显著,当猪血水解液的添加量小于 30% 时,随着添加量的增加,植物乳杆菌 G1-28 细胞的活菌数显著增大,当猪血水解液添加量大于 30% 时,随着添加量的增加,植物乳杆菌 G1-28 细胞活菌数不再增加,因此,猪血水解液的适宜添加量为 30%。

（3）糖蜜溶液添加量的确定

糖蜜是大豆加工及制糖工业的废弃物,其中含有微生物生长需要的碳源、无机盐等营养物质。糖蜜黏稠,颜色较深,难于处理,为了充分利用糖蜜,实验研究了蔗糖溶液添加量对植物乳杆菌 G1-28 菌体生长的影响,实验结果见图 5-14。

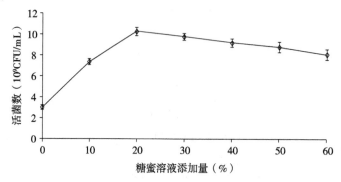

图 5-14　糖蜜溶液添加量对菌体生长的影响

由图 5-14 可知,糖蜜溶液添加量对植物乳杆菌 G1-28 的菌体生长影响显著,当糖蜜溶液的添加量小于 20% 时,随着添加量的增加,植物乳杆菌 G1-28 细胞的活菌数显著增大,当糖蜜溶液添加量大于 20% 时,随着添加量的增加,植物乳杆菌 G1-28 细胞的活菌数不再增加,因此,糖蜜溶液的适宜添加量为 20%。

5.2.3.2　基础培养基中各营养物组成的优化实验

根据单因素实验的结果,采用 3 因素 3 水平的正交实验,实验设计见表 5-5,实验结果见表 5-6。

表 5-5　正交实验设计表

水平	A:玉米须水解液添加量(%)	B:猪血水解液添加量(%)	C:糖蜜溶液添加量(%)
1	25	25	15
2	30	30	20
3	35	35	25

表 5-6　正交实验结果

试验号	A	B	C	活细胞数(10^9 CFU/mL)
1	1	1	1	13.2
2	1	2	2	18.3

续表

试验号	A	B	C	活细胞数 （10^9 CFU/mL）
3	1	3	3	15.6
4	2	1	2	11.6
5	2	2	3	14.2
6	2	3	1	16.3
7	3	1	3	10.5
8	3	2	1	14.9
9	3	3	2	12.3
k_1	15.7	11.8	14.8	
k_2	14.0	15.8	14.1	
k_3	12.6	14.7	13.4	
R	3.1	4.0	1.4	

由表 5-6 可以看出，各因素对植物乳杆菌 G1-28 生长的影响次序依次是猪血水解液添加量>玉米须水解液添加量>糖蜜溶液添加量。最佳培养基配方为 $A_1B_2C_1$，此配方不在正交实验的 9 组配方中，因此需要进行验证实验。

根据正交实验所获得的最优基础培养基组成为水中添加玉米须水解液 25%，猪血水解液 30%，糖蜜溶液 15%，在 32℃ 静置培养 16 h，植物乳杆菌 G1-28 活细胞数为 18.9×10^9 CFU/mL，高于正交实验的 9 组配方，因此此配方为正交实验确定的最佳培养基配方。

5.2.3.3　流加培养基营养物质组成的确定

啤酒废酵母是大麦加工成啤酒过程中产生的副产物，其中富含大量的蛋白质、B 族维生素和矿物质。麸皮是小麦加工面粉后得到的副产品，富含微生物生长所需的碳源、氮源、维生素、矿物质等营养物质。为了充分利用啤酒废酵母和麸皮，实验将麸皮水解液和酵母浸提液按照一定的比例，制成益生菌流加培养基。麸皮水解液和酵母浸提液的添加比例对植物乳杆菌 G1-28 菌体活细胞数的影响见图 5-15。

由图 5-15 可以看出，麸皮水解液与酵母浸提液的添加比例对植物乳杆菌 G1-28 菌体活细胞数的影响显著，当麸皮水解液与酵母浸提液的添加比例为 1：2 时，细胞的生长量达到最大，因此选择流加培养基的组成为麸皮水解液与酵

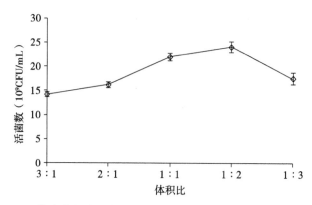

图 5-15　麸皮水解液和酵母浸提液的体积比对菌体活细胞数的影响

母浸提液的体积比为 1∶2。

5.2.3.4　益生菌流加培养条件研究

（1）流加量对植物乳杆菌 G1-28 菌体生长的影响（图 5-16）

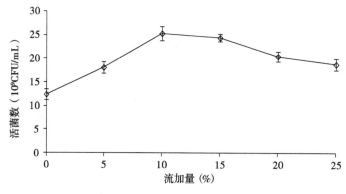

图 5-16　流加量对植物乳杆菌 G1-28 菌体生长的影响

由图 5-16 可以看出,当流加量在 0~10% 随着流加量的增加,植物乳杆菌 G1-28 菌体活细胞数显著增大,当流加量大于 10% 后,随着流加量的增加,植物乳杆菌 G1-28 菌体活细胞数则呈现下降的趋势,因此适宜的流加量为 10%。

（2）流加方式对植物乳杆菌 G1-28 菌体生长的影响

由图 5-17 可以看出,流加方式对植物乳杆菌 G1-28 菌体生长的影响显著,每隔 3 h 添加一次,活细胞数最大,而一次性添加活细胞数最小,因此在补加营养物质时,应采用分次流加的方式。

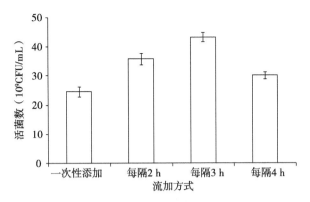

图 5-17　流加方式对菌体生长的影响

（3）流加过程中调节 pH 对植物乳杆菌 G1-28 菌体生长的影响（图 5-18）

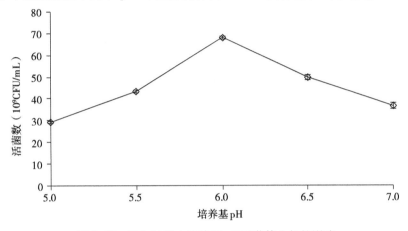

图 5-18　流加过程中培养基 pH 对菌体生长的影响

由图 5-18 可以看出，在流加培养过程中调节培养基 pH 在 5.0~7.0 的范围内，培养基 pH 对植物乳杆菌 G1-28 菌体生长的影响显著，菌体活细胞数呈现先上升再下降的趋势，当培养基 pH 控制在 6.0 时，菌体活菌数达到最大。植物乳杆菌 G1-28 细胞在生长过程中会大量产酸，导致 pH 的降低，对菌体的生长有抑制作用，通过在流加培养基后调节 pH 至菌体最适的生长 pH 条件，可减少环境过酸对菌体生长的影响，促进细胞的生长。

（4）流加培养时间对植物乳杆菌 G1-28 菌体生长的影响

由图 5-19 可以看出，当培养时间小于 25 h 时，随着培养时间的延长，植物乳杆菌 G1-28 的活细胞数逐渐增加，当培养时间继续延长，细胞逐渐衰老，死亡率逐渐增大，导致活细胞数呈现下降的趋势，因此，植物乳杆菌 G1-28 适宜的培养时间为 25 h。

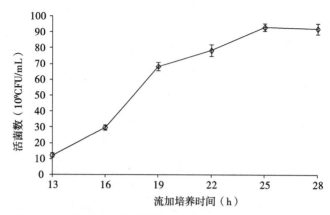

图 5-19　流加培养时间对植物乳杆菌 G1-28 菌体生长的影响

5.2.4　小结

通过单因素和正交实验优化了以农副产物为原料的植物乳杆菌 G1-28 基础培养基,确定最优基础培养基组成为水中添加玉米须水解液 25%,猪血水解液 30%,糖蜜溶液 15%,在 32℃静置培养 16 h,在此培养基中植物乳杆菌 G1-28 的活细胞数可达 18.9×10^9 CFU/mL。

通过在基础培养基中流加麸皮水解液和酵母浸提液来提高植物乳杆菌 G1-28 的细胞生长量,研究确定适宜的流加培养基为麸皮水解液与酵母浸提液的体积比 1:2,流加培养条件为 32℃培养 10 h 后,每隔 3 h 流加基础培养基体积 3% 的益生菌流加培养基,培养至 25 h,在此条件下植物乳杆菌 G1-28 的活细胞数可达 93.2×10^9 CFU/mL。

5.3　以农畜产品副产物为原料的嗜酸乳杆菌 L2-16 培养工艺研究

5.3.1　材料

5.3.1.1　菌种

嗜酸乳杆菌 L2-16:从发酵食品中分离的具有体外降胆固醇和甘油三酯功能的益生菌,于巢湖学院食品工程实验室保藏。

5.3.1.2　实验试剂

玉米须:市售整棒玉米中获取;新鲜猪血:市售。

MRS 培养基:北京奥博星生物技术有限责任公司。

麸皮:晨曦有机饲料经营部。

中性蛋白酶,酶活力≥6000 U/g,北京奥博星生物技术有限责任公司。

中温型淀粉酶:6000 U/mL,糖化酶:15 万 U /mL,夏盛实业集团。

纤维素酶:1 万 U/mL,南宁东恒华道生物科技有限责任公司。

5.3.1.3　主要仪器设备

LDZM-80KCs-III 立式压力蒸汽灭菌锅:上海申安医疗器械厂;pHB-401 pH
计:上海天达仪器有限公司;SW-CJ-2F 超净工作台:苏州市智拓净化设备科技
有限公司;SHP-160 智能生化培养箱:上海三发科学仪器有限公司;HHS-21-4
水浴锅:上海博讯实业有限公司医疗设备厂;TU-1810 紫外分光光度计:北京普
析通用仪器有限公司;TG16Ws 台式高速离心机:湘仪离心机仪器有限公司。

5.3.2　试验方法

5.3.2.1　菌种活化及培养

取甘油管保藏的嗜酸乳杆菌 L2-16 菌种,室温放置 1 h,在无菌条件下取
100 μL 接入 10 mL 的 MRS 液体培养基中,30℃静置培养 14~16 h 进行活化。取
活化后的菌悬液 1 mL 接入装有 100 mL MRS 液体培养基的 250 mL 三角瓶中,
30℃静置培养 14~16 h 备用。

5.3.2.2　副产物营养液的制备

同 5.2.2.2。

5.3.2.3　基础培养基中各营养物组成的单因素实验

(1)玉米须水解液添加量对嗜酸乳杆菌 L2-16 菌体生长的影响

在水中添加 30%猪血水解液和 30%糖蜜溶液,然后分别添加 0、10%、20%、
30%、40%、50%和 60%的玉米须水解液,110℃灭菌 15 min,冷却至 40℃以下,接
种 2%的嗜酸乳杆菌 L2-16 培养液,在 30℃静置培养 18 h,测定嗜酸乳杆菌

L2-16 菌体生长量。

（2）猪血水解液添加量对嗜酸乳杆菌 L2-16 菌体生长的影响

在水中添加 30% 的玉米须水解液和 30% 的糖蜜溶液，然后分别添加 0、10%、20%、30%、40%、50% 和 60% 的猪血水解液，110℃ 灭菌 15 min，冷却至 40℃ 以下，接种 2% 嗜酸乳杆菌 L2-16 培养液，在 30℃ 静置培养 18 h，测定嗜酸乳杆菌 L2-16 菌体生长量。

（3）糖蜜溶液添加量对嗜酸乳杆菌 L2-16 菌体生长的影响

在水中添加 30% 的玉米须水解液和 30% 的猪血水解液，然后分别添加 0、10%、20%、30%、40%、50% 和 60% 的糖蜜溶液，110℃ 灭菌 15 min，冷却至 40℃ 以下，接种 2% 嗜酸乳杆菌 L2-16 培养液，在 30℃ 静置培养 18 h，测定嗜酸乳杆菌 L2-16 菌体生长量。

5.3.2.4　嗜酸乳杆菌 L2-16 培养条件的研究

（1）接种量对嗜酸乳杆菌 L2-16 菌体生长的影响

用 1 mol/L 的盐酸或氢氧化钠将培养基的初始 pH 调整到 6.0，分别接种 1.0%、1.5%、2.0%、2.5%、3.0%、3.5% 和 4.0% 的嗜酸乳杆菌 L2-16 培养液，在 30℃ 静置培养 18 h，测定嗜酸乳杆菌 L2-16 菌体的生长量。

（2）初始 pH 对嗜酸乳杆菌 L2-16 菌体生长的影响

用 1 mol/L 的盐酸或氢氧化钠分别将培养基的初始 pH 调整到 4.0、4.5、5.0、5.5、6.0、6.5 和 7.0，接种量 3%，在 30℃ 静置培养 18 h，测定嗜酸乳杆菌 L2-16 菌体的生长量。

（3）温度对嗜酸乳杆菌 L2-16 菌体生长的影响

用 1 mol/L 的盐酸或氢氧化钠将培养基的初始 pH 调整到 6.5，接种量 3%，分别在 28℃、30℃、32℃、34℃ 和 36℃，静置培养 18 h，测定嗜酸乳杆菌 L2-16 菌体的生长量。

（4）培养时间对嗜酸乳杆菌 L2-16 菌体生长的影响

用 1 mol/L 的盐酸或氢氧化钠将培养基的初始 pH 调整到 6.5，接种量 3%，分别在 32℃ 静置培养 14 h、16 h、18 h、20 h、22 h 和 24 h，测定嗜酸乳杆菌 L2-16 菌体的生长量。

5.3.2.5　嗜酸乳杆菌 L2-16 基础培养基中各营养物组成的优化

根据单因素实验结果进行 3 因素 3 水平的正交实验优化，并对优化的实验结果进行验证。

5.3.2.6　嗜酸乳杆菌 L2-16 流加培养基的制备

(1)麸皮水解液的制备

同 5.2.2.5(1)。

(2)啤酒废酵母水解液的制备

同 5.2.2.5(2)。

(3)营养物质组成的确定

将麸皮水解液和酵母浸提液按照 3∶1、2∶1、1∶1、1∶2、1∶3 的比例混合，110℃灭菌 15 min,冷却至 40℃以下,制成益生菌流加培养基。将嗜酸乳杆菌 L2-16 培养液按照 2%的接种量接入益生菌基础培养基中,30℃培养 10 h 后,添加基础培养基体积 10%的益生菌流加培养基,培养至 20 h,测定细胞生长量。

5.3.2.7　益生菌流加培养条件研究

(1)流加量对嗜酸乳杆菌 L2-16 菌体生长的影响

将嗜酸乳杆菌 L2-16 培养液按照 2%的接种量接入益生菌基础培养基中,30℃培养 10 h 后,添加基础培养基体积 0、5%、10%、15%、20% 和 25%的益生菌流加培养基,培养至 20 h,测定细胞生长量。

(2)流加方式对嗜酸乳杆菌 L2-16 菌体生长的影响

将嗜酸乳杆菌 L2-16 培养液按照 2%的接种量接入益生菌基础培养基中,30℃培养 10 h,采用一次性添加 15%;每隔 2 h 添加,每次添加 3%;每隔 3 h 添加,每次添加 5%流加培养基,培养总时间为 20 h,测定嗜酸乳杆菌 L2-16 细胞生长量。

(3)流加过程中调节 pH 对嗜酸乳杆菌 L2-16 菌体生长的影响

将嗜酸乳杆菌 L2-16 液体菌种按照 2%的接种量接入益生菌基础培养基中,30℃培养 10 h 后,每隔 2 h 流加基础培养基体积 2%的益生菌流加培养基,同时用 10%的 Na_2CO_3 将培养基的 pH 分别调整至 5.0、5.5、6.0、6.5、7.0,培养至 20 h,测定嗜酸乳杆菌 L2-16 的细胞生长量。

(4)流加培养时间对嗜酸乳杆菌 L2-16 菌体生长的影响

将嗜酸乳杆菌 L2-16 培养液按照 2%的接种量接入益生菌基础培养基中,30℃培养 10 h 后,每隔 2 h 流加基础培养基体积 2%的益生菌流加培养基,分别培养至 14、16、18、20、22、24 和 26 h,测定嗜酸乳杆菌 L2-16 细胞生长量。

5.3.2.8 嗜酸乳杆菌 L2-16 生长量的测定

采用平板计数法测定嗜酸乳杆菌 L2-16 的活菌数。将嗜酸乳杆菌 L2-16 菌悬液进行 10 倍梯度稀释,取合适的 3 个稀释度的菌悬液各 0.1 mL,涂布在制备好的 MRS 固态培养基平板表面,37℃倒置培养 24 h,计数平板表面生长的菌落数乘稀释倍数,即为嗜酸乳杆菌 L2-16 菌体的活细胞数。

5.3.3 实验结果与分析

5.3.3.1 基础培养基中各营养物组成的单因素实验

(1)玉米须水解液添加量对嗜酸乳杆菌 L2-16 菌体生长的影响(图 5-20)

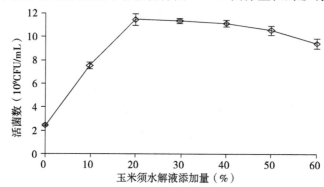

图 5-20 玉米须水解液添加量对嗜酸乳杆菌 L2-16 菌体生长的影响

由图 5-20 可知,玉米须水解液添加量对嗜酸乳杆菌 L2-16 菌体生长的影响显著,当玉米须水解液的添加量小于 20% 时,随着玉米须水解液添加量的增加,嗜酸乳杆菌 L2-16 细胞生长量显著增大,但当添加量大于 20% 时,随着添加量的增加,嗜酸乳杆菌 L2-16 细胞生长量不再增加,呈现下降趋势,因此,玉米须水解液的适宜添加量为 20%。

(2)猪血水解液添加量对嗜酸乳杆菌 L2-16 菌体生长的影响

由图 5-21 可知,猪血水解液添加量对嗜酸乳杆菌 L2-16 菌体生长的影响显著,当猪血水解液的添加量小于 40% 时,随着猪血水解液添加量的增加,嗜酸乳杆菌 L2-16 细胞生长量显著增大,当猪血水解液添加量大于 40% 时,随着添加量的增加,嗜酸乳杆菌 L2-16 细胞活菌数不再增加,因此,猪血水解液的适宜添加量为 40%。

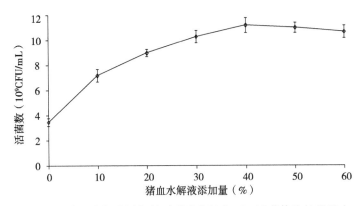

图 5-21　猪血水解液添加量对嗜酸乳杆菌 L2-16 菌体生长的影响

（3）糖蜜溶液添加量对嗜酸乳杆菌 L2-16 菌体生长的影响（图 5-22）

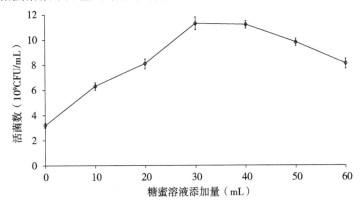

图 5-22　糖蜜溶液添加量对嗜酸乳杆菌 L2-16 菌体生长的影响

由图 5-22 可知,糖蜜溶液添加量对嗜酸乳杆菌 L2-16 菌体生长的影响显著,当糖蜜溶液的添加量小于 30% 时,随着添加量的增加,嗜酸乳杆菌 L2-16 细胞活菌数显著增大,当糖蜜溶液添加量大于 30% 时,随着添加量的增加,嗜酸乳杆菌 L2-16 细胞活菌数不再增加,因此,糖蜜溶液的适宜添加量为 30%。

5.3.3.2　基础培养基中各营养物组成的优化实验

根据单因素实验的结果,采用 3 因素 3 水平的正交实验,实验设计见表 5-7,实验结果见表 5-8。

由表5-8可以看出,各因素对嗜酸乳杆菌L2-16生长的影响次序依次是玉米须水解液添加量>猪血水解液添加量>糖蜜溶液添加量。最佳培养基配方为$A_2B_2C_3$,此配方为正交实验的第5组配方,因此不需要进行验证实验。

根据正交实验所获得的最优基础培养基组成为水中添加玉米须水解液20%,猪血水解液40%,糖蜜溶液30%,在30℃静置培养18 h,嗜酸乳杆菌L2-16活细胞数可达$13.3×10^9$ CFU/mL。

表5-7　正交实验设计表

水平	A:玉米须水解液添加量(%)	B:猪血水解液添加量(%)	C:糖蜜溶液添加量(%)
1	15	35	25
2	20	40	30
3	25	45	35

表5-8　正交实验结果

试验号	A	B	C	活细胞数(10^9 CFU/mL)
1	1	1	1	9.1
2	1	2	2	11.2
3	1	3	3	12.2
4	2	1	2	10.4
5	2	2	3	13.3
6	2	3	1	11.5
7	3	1	3	8.2
8	3	2	1	10.1
9	3	3	2	8.9
k_1	10.8	9.2	10.2	
k_2	11.7	11.5	10.2	
k_3	9.1	10.9	11.2	
R	2.6	2.3	1.0	

5.3.3.3　培养条件的研究

(1)接种量对嗜酸乳杆菌L2-16菌体生长的影响

由图5-23可以看出,当嗜酸乳杆菌L2-16的接种量在1.0~3.0%的范围内,随着接种量的增加,嗜酸乳杆菌L2-16的活细胞数显著增加,当接种量

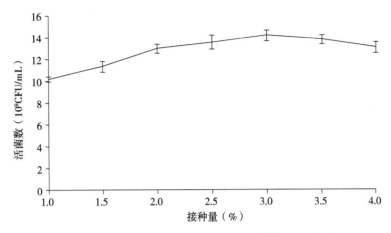

图 5-23　接种量对嗜酸乳杆菌 L2-16 菌体生长的影响

>3.0%时,随着接种量的增加,嗜酸乳杆菌 L2-16 的活细胞数呈下降趋势,因此,确定嗜酸乳杆菌 L2-16 适宜接种量为 3.0%。

（2）初始 pH 对嗜酸乳杆菌 L2-16 菌体生长的影响（图 5-24）

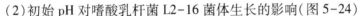

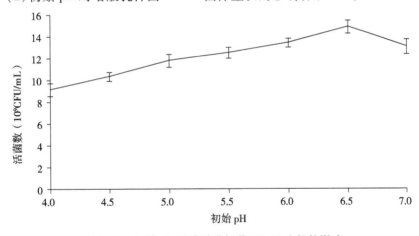

图 5-24　初始 pH 对嗜酸乳杆菌 L2-16 生长的影响

由图 5-24 可知,培养基的初始 pH 对嗜酸乳杆菌 L2-16 菌体生长的影响显著,在 pH 4.0~6.5 范围内,随着初始 pH 的升高,嗜酸乳杆菌 L2-16 菌体的活细胞数显著增大,当 pH 大于 6.5 时,嗜酸乳杆菌 L2-16 菌体活细胞数显著下降,因此,嗜酸乳杆菌 L2-16 菌体生长的适宜 pH 为 6.5。

（3）培养温度对嗜酸乳杆菌 L2-16 菌体生长的影响（图 5-25）

由图 5-25 可知,在培养温度 28~36℃ 的范围内,培养温度对嗜酸乳杆菌

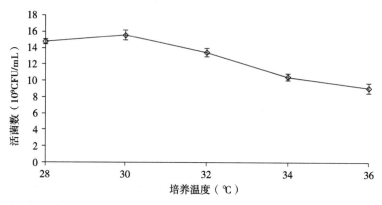

图 5-25　培养温度对嗜酸乳杆菌 L2-16 菌体生长的影响

L2-16 菌体生长的影响显著,在培养温度小于 30℃ 时,随着培养温度的提高,嗜酸乳杆菌 L2-16 菌体活细胞数显著增大,当培养温度大于 30℃ 时,随着温度的提高,嗜酸乳杆菌 L2-16 菌体活细胞数不再增加,呈现下降的趋势,因此,嗜酸乳杆菌 L2-16 菌体生长的适宜培养温度为 30℃。

(4)发酵时间对嗜酸乳杆菌 L2-16 菌体生长的影响

用 1 mol/L 的盐酸或氢氧化钠将培养基的初始 pH 调整到 7.0,分别在 32℃ 静置培养 14 h、16 h、18 h、20 h、22 h 和 24 h,测定嗜酸乳杆菌 L2-16 菌体的生长量。结果见图 5-26。

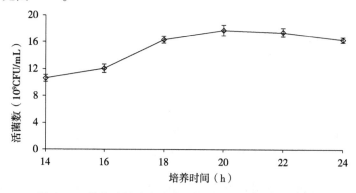

图 5-26　培养时间对嗜酸乳杆菌 L2-16 菌体生长的影响

由图 5-26 可知,在 14~24 h 的范围内,培养时间对嗜酸乳杆菌 L2-16 菌体生长的影响显著,在培养时间小于 20 h 时,随着培养时间的延长,嗜酸乳杆菌 L2-16 菌体活细胞数显著增大,当培养时间大于 20 h 时,嗜酸乳杆菌 L2-16 菌体的活细胞数不再显著增加,因此,嗜酸乳杆菌 L2-16 菌体生长的适宜培养时间为

20 h。

通过单因素实验确定以农畜副产物为基础培养基时嗜酸乳杆菌 L2-16 适宜的培养条件为接种量 3%，初始 pH 6.5，培养温度 30℃，培养时间为 20 h，嗜酸乳杆菌 L2-16 的活细胞数可达 17.8×10^9 CFU/mL。

5.3.3.4　流加培养基营养物质组成对嗜酸乳杆菌 L2-16 生长的影响

将麸皮水解液和酵母浸提液按照一定的比例，制成益生菌流加培养基。麸皮水解液和酵母浸提液的添加比例对嗜酸乳杆菌 L2-16 菌体活细胞数的影响见图 5-27。

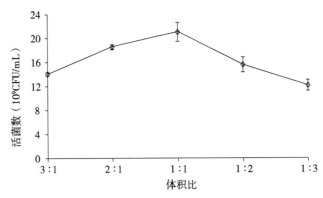

图 5-27　体积比对嗜酸乳杆菌 L2-16 活细胞数的影响

由图 5-27 可以看出，麸皮水解液与酵母浸提液的添加比例对嗜酸乳杆菌 L2-16 菌体活细胞数的影响显著，当麸皮水解液与酵母浸提液的添加比例为 1∶1 时，嗜酸乳杆菌 L2-16 细胞的生长量达到最大，因此选择流加培养基的组成为麸皮水解液与酵母浸提液的体积比 1∶1。

5.3.3.5　嗜酸乳杆菌 L2-16 流加培养条件研究

（1）流加量对嗜酸乳杆菌 L2-16 菌体生长的影响

由图 5-28 可以看出，当营养物质的流加量在 0~15% 随着流加量的增加，嗜酸乳杆菌 L2-16 菌体活细胞数显著增大，当流加量大于 15% 后，随着流加量的增加，嗜酸乳杆菌 L2-16 菌体活细胞数则呈现下降的趋势，因此适宜的流加量为 15%。

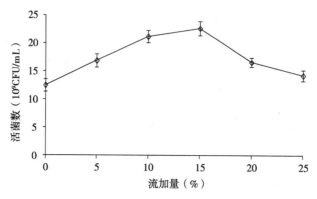

图 5-28　流加量对嗜酸乳杆菌 L2-16 菌体生长的影响

（2）流加方式对嗜酸乳杆菌 L2-16 菌体生长的影响（图 5-29）

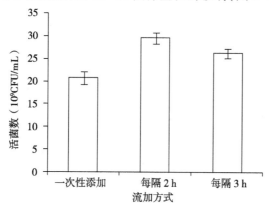

图 5-29　流加方式对嗜酸乳杆菌 L2-16 菌体生长的影响

由图 5-29 可以看出，流加方式对嗜酸乳杆菌 L2-16 菌体生长的影响显著，每隔 2 h 添加 3% 的流加培养基进行培养，嗜酸乳杆菌 L2-16 细胞的活细胞数最大，而一次性添加 15% 的流加方式，获得的嗜酸乳杆菌 L2-16 细胞的活细胞数最小，因此对嗜酸乳杆菌 L2-16 补加营养物质时，应采用分次流加的方式，最佳的方式为每隔 2 h 添加 3% 的流加培养基进行培养。

（3）流加过程中调节 pH 对嗜酸乳杆菌 L2-16 菌体生长的影响

由图 5-30 可以看出，在流加培养过程中调节培养基 pH 在 5.0~7.0 的范围内，培养基 pH 对嗜酸乳杆菌 L2-16 菌体生长的影响显著，菌体活细胞数呈现先上升再下降的趋势，当培养基 pH 控制在 6.5 时，菌体活菌数达到最大。嗜酸乳杆菌 L2-16 细胞在生长过程中会大量产酸，导致 pH 的降低，对菌体的生长有抑制作用，通过在流加培养基后调节 pH 至菌体最适的生长 pH 条件，可减少环境过

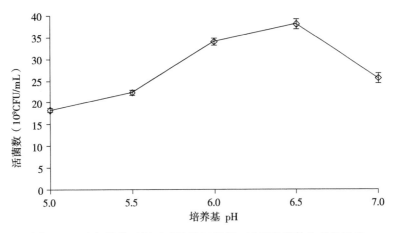

图 5-30　流加培养时间对嗜酸乳杆菌 L2-16 菌体菌体生长的影响

酸对菌体生长的影响,促进细胞的生长。因此,确定在流加培养嗜酸乳杆菌 L2-16 的过程中适宜的培养基 pH 为 6.5。

（4）流加培养时间对嗜酸乳杆菌 L2-16 菌体菌体生长的影响（图 5-31）

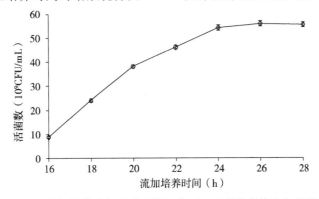

图 5-31　流加培养时间对嗜酸乳杆菌 L2-16 菌体菌体生长的影响

由图 5-31 可以看出,采用流加培养进行嗜酸乳杆菌 L2-16 的培养时,当培养时间小于 26 h 时,随着培养时间的延长,嗜酸乳杆菌 L2-16 菌体活细胞数逐渐增加,当培养时间继续延长,嗜酸乳杆菌 L2-16 菌体细胞逐渐衰老,死亡率逐渐增大,导致嗜酸乳杆菌 L2-16 菌体活细胞数呈现下降的趋势,因此,嗜酸乳杆菌 L2-16 适宜的流加培养时间为 26 h,在此条件下嗜酸乳杆菌 L2-16 菌体活细胞数可达 56.2×10^9 CFU/mL。

5.3.4 小结

研究确定了以农副产物为原料的嗜酸乳杆菌 L2-16 的基础培养基和培养条件,确定最优基础培养基组成为水中添加玉米须水解液 20%,猪血水解液 40%,糖蜜溶液 30%,培养条件为接种量 3%,初始 pH 6.5,培养温度 30℃,培养时间 20 h,在此条件下嗜酸乳杆菌 L2-16 的活细胞数可达 $17.8×10^9$ CFU/mL。

通过在基础培养基中流加麸皮水解液和酵母浸提液来提高嗜酸乳杆菌 L2-16 的细胞生长量,研究确定适宜的流加培养基为麸皮水解液与酵母浸提液的体积比 1:1,流加培养条件为 30℃ 培养 10 h 后,每隔 2 h 流加基础培养基体积 3% 的益生菌流加培养基,共补加 5 次,共培养至 26 h,在此条件下嗜酸乳杆菌 L2-16 的活细胞数可达 $56.2×10^9$ CFU/mL。

第6章 体外降胆固醇降甘油三酯益生菌发酵剂的制备

　　益生菌是一类有益于机体的活性微生物,摄入一定量的活性益生菌有助于调节宿主肠道的微生态平衡,从而有益于宿主健康。植物乳杆菌及嗜酸乳杆菌是目前被广泛关注的益生菌,这些益生菌普遍存在于果蔬的表面,具有很强的发酵产酸能力。同时研究表明植物乳杆菌及嗜酸乳杆菌等益生菌具有较强的耐受人体胃肠道内不良环境的能力,容易定植在人体肠道壁的黏膜上,生长代谢并产生细菌素、乳酸等成分,竞争性抑制肠道内有害微生物的生长繁殖,从而有助于防治肠道疾病。植物乳杆菌及嗜酸乳杆菌等益生菌经培养后制备的液体菌剂,存在运输成本高、菌体失活速度快等缺点,将益生菌通过真空冷冻干燥技术制成易于保存的粉末状制剂已成为目前国内外研究的热点。

　　真空冷冻干燥,是将植物、微生物菌悬液等原材料冷冻后在真空下使冰升华而使物料进行干燥的方法。通过在微生物菌悬液中添加甘油等对菌体有保护作用的物质,可减少冷冻及干燥过程对微生物细胞的伤害。研究表明,采用真空冷冻干燥进行微生物菌体的保藏,具有细胞存活率高、菌体保藏时间长等特点,已成为微生物菌体干粉制备的最常用方法之一。由于真空冷冻干燥过程中使用的保护剂类型及其作用原理不同,对于微生物菌体的冷冻及干燥过程,保护剂的选择及其复配是研究的重点内容。牛春华等人研究了嗜酸乳杆菌真空冷冻干燥保护剂,结果表明可溶性淀粉18%,谷氨酸钠7%,低聚木糖12%,菊糖15%时,嗜酸乳杆菌细胞的存活率最高可达87.4%。蒋文鑫等人研究了糖(醇)类及蛋白质类保护剂对短双歧杆菌真空冷冻干燥过程中细胞存活率的影响,结果表明山梨糖醇、棉子糖与胶原蛋白以3∶3∶2(质量比)进行配比时,对菌体的保护效果最好,短双歧杆菌的冻干存活率可达80%。王桃等人研究优化了长双歧杆菌DD98在真空冷冻干燥过程中保护剂的配方,确定最佳保护剂为脱脂奶粉10%,海藻糖20%,抗坏血酸钠2%,纯化水68%,在此条件下菌体冻干菌粉的存活率可提高到90%。

　　目前,植物乳杆菌、嗜酸乳杆菌等益生菌真空冷冻干燥的存活率普遍不高,为了提高益生菌的冻干存活率,提高益生菌的保藏效果,本研究以前期筛选的具有体外降胆固醇和降甘油三酯功能的益生菌植物乳杆菌 G1-28 和嗜酸乳杆菌 L2-16 为研究对象,对菌体的离心条件、真空冷冻干燥过程中保护剂的选择、复配及其菌剂的保藏条件进行了研究,为益生菌植物乳杆菌 G1-28 和嗜酸乳杆菌 L2-16 高活性冻干发酵剂的制备奠定基础。

6.1 植物乳杆菌 G1-28 冻干发酵剂的制备工艺研究

6.1.1 材料

6.1.1.1 菌悬液

植物乳杆菌 G1-28 的菌悬液。

6.1.1.2 主要实验仪器与设备

TG16Ws 台式高速离心机:湘仪离心机仪器有限公司;TU-1810 紫外分光光度计:北京普析通用仪器有限公司;SHP-160 智能生化培养箱:上海三发科学仪器有限公司;SW-CJ-2F 超净工作台:苏州市智拓净化设备科技有限公司。LGJ-30F 真空冷冻干燥机:北京松源华兴科技发展有限公司。

6.1.1.3 主要试剂

脱脂乳:蒙牛牌,市售。
甘油、海藻糖、山梨醇:北京奥博星生物技术有限责任公司。

6.1.2 方法

6.1.2.1 植物乳杆菌 G1-28 菌悬液离心条件的选择

将 10 mL 植物乳杆菌 G1-28 菌体培养液移入无菌离心管中,分别在 3000 r/min,10 min;3000 r/min,20min;4000 r/min,10 min;4000 r/min,20min;5000 r/min,10 min;5000 r/min,20min;6000 r/min,15min;6000 r/min,20min 的条件下离心,弃去上清液,收获菌体,用无菌生理盐水洗涤后用于植物乳杆菌 G1-28 活细胞计数,以未经处理的细胞为空白对照,计算植物乳杆菌 G1-28 活细

胞收集率。

6.1.2.2　植物乳杆菌 G1-28 冻干保护剂的确定

（1）植物乳杆菌 G1-28 冻干保护剂的单因素实验

将经过培养和离心收集制备的植物乳杆菌 G1-28 的菌泥,测定细胞的活菌数 N_0,按照保护剂:菌泥为(w/v)2:1 进行配比,利用涡旋混合器充分混匀后,将其分装-40℃预冻 6 h,在真空度 0.09 MPa,冷阱温度-51℃的条件下进行真空冷冻干燥 22~24 h。在干燥后将冻干瓶-20℃存放 48 h,30℃水浴中解冻。

①脱脂乳对植物乳杆菌 G1-28 冻干菌剂细胞存活率的影响。

将脱脂乳用无菌蒸馏水调配成 2%、4%、6%、8%、10% 和 12% 的浓度,以不加脱脂乳的蒸馏水为空白对照,对菌体冻干后保藏解冻,测定植物乳杆菌 G1-28 活菌数 N_1,计算植物乳杆菌 G1-28 的存活率。

②海藻糖对植物乳杆菌 G1-28 冻干菌剂活菌数的影响。

将海藻糖用无菌蒸馏水配成 1%、2%、3%、4% 和 5% 的浓度,以不加海藻糖的蒸馏水为空白对照,对菌体冻干后保藏解冻,测定植物乳杆菌 G1-28 活菌数 N_1,计算植物乳杆菌 G1-28 的存活率。

③山梨醇对植物乳杆菌 G1-28 冻干菌剂活菌数的影响。

将山梨醇用无菌蒸馏水配成 1%、2%、3%、4% 和 5% 的浓度,以不加山梨醇的蒸馏水为空白对照,对菌体冻干后保藏解冻,测定植物乳杆菌 G1-28 活菌数 N_1,计算植物乳杆菌 G1-28 的存活率。

④甘油对植物乳杆菌 G1-28 冻干菌剂活菌数的影响。

将甘油用无菌蒸馏水配成 1%、2%、3%、4% 和 5% 的浓度,以不加甘油的蒸馏水为空白对照,对菌体冻干后保藏解冻,测定植物乳杆菌 G1-28 活菌数 N_1,计算植物乳杆菌 G1-28 的存活率。

（2）植物乳杆菌 G1-28 冻干保护剂的正交实验

根据单因素实验结果设计 4 因素 3 水平的正交实验。

6.1.2.3　植物乳杆菌 G1-28 冻干发酵剂保存性测定

将真空冷冻干燥后的植物乳杆菌 G1-28 菌剂装入经灭菌处理的铝箔聚酯复合袋内,分别采用真空包装和常压包装,在-20℃、-4℃和室温下分别保藏 2 个月和 4 个月,采用平板菌落计数法测定植物乳杆菌 G1-28 的活菌数。

6.1.2.4　数据处理

所有实验重复 3 次,每次两个平行样。采用 SAS 8.1 软件进行实验分析。

6.1.3　结果与分析

6.1.3.1　植物乳杆菌 G1-28 离心条件的确定

离心是冻干菌剂制备的关键工艺环节,因此实验研究了离心转数及离心时间对收获的植物乳杆菌 G1-28 活细胞浓度的影响,实验结果见表 6-1。

表 6-1　离心条件对植物乳杆菌 G1-28 活细胞收获率的影响

试验号	离心条件	活细胞收获率(%)
1	3000 r/min,10 min	46.79
2	3000 r/min,20 min	72.11
3	4000 r/min,10 min	65.60
4	4000 r/min,20 min	88.99
5	5000 r/min,10 min	87.29
6	5000 r/min,20 min	96.26
7	6000 r/min,10 min	86.00
8	6000 r/min,20 min	71.90

由表 6-1 可以看出,当离心转速为 3000 r/min 和 4000 r/min 时,离心转速较低,有些植物乳杆菌 G1-28 的小细胞不易被收集,但当离心转速达到 6000 r/min 时,离心转速较高,容易导致植物乳杆菌细胞的死亡,使测定的植物乳杆菌 G1-28 活细胞数较低,因此,较适宜的植物乳杆菌 G1-28 离心收集条件为 5000 r/min,20 min,此时,收获的植物乳杆菌 G1-28 活细胞数是离心前的 96.26%。

6.1.3.2　植物乳杆菌 G1-28 冻干保护剂的单因素实验

植物乳杆菌等微生物细胞在冷冻的过程中,细胞内水分会形成较大的冰晶,从而对植物乳杆菌的细胞膜造成较大损伤,导致冷冻后植物乳杆菌菌体细胞的死亡率很高。采用脱脂乳、海藻糖、山梨醇以及甘油等作为冷冻保护剂可降低细胞的死亡率,因此实验研究了海藻糖、脱脂乳、山梨醇及甘油对冻干后植物乳杆菌 G1-28 存活率的影响。

（1）脱脂乳对植物乳杆菌 G1-28 冻干菌剂细胞存活率的影响

脱脂乳的成分主要是蛋白质和乳糖,将脱脂乳溶解在水中后可形成一种胶体溶液,脱脂乳中的蛋白质颗粒的直径较小,为 1~2 nm,将植物乳杆菌添加到脱脂乳溶液中,植物乳杆菌菌体细胞处于蛋白质分子的包围之中,在冷冻过程中可阻止植物乳杆菌细胞内形成大冰晶,能对植物乳杆菌菌体细胞起到很好的保护作用,有助于保持植物乳杆菌菌体的活性。因此实验研究了不同浓度的脱脂乳对真空冷冻干燥后植物乳杆菌 G1-28 菌剂细胞存活率的影响,实验结果见图 6-1。

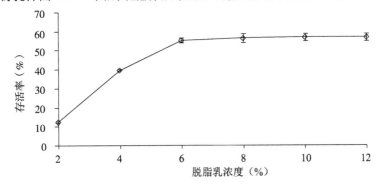

图 6-1　脱脂乳浓度对植物乳杆菌 G1-28 细胞存活率的影响

由图 6-1 可以看出,当脱脂乳浓度小于 6% 时,随着脱脂乳浓度的增加,植物乳杆菌 G1-28 细胞存活率显著增大,当脱脂乳浓度大于 6% 时,随着脱脂乳浓度的增加,植物乳杆菌 G1-28 细胞的存活率不再显著增加,当脱脂乳浓度过高时,环境渗透压增大,容易使细胞脱水,影响了益生菌细胞的形态,从而影响了植物乳杆菌 G1-28 菌体的存活率,Khem 等人的研究也表明脱脂乳也能在菌体的干燥过程中降低升温的速度,减少对乳酸菌细胞的压力,从而起到对细胞的保护作用。因此通过单因素确定的脱脂乳适宜浓度为 6%。

（2）海藻糖对植物乳杆菌 G1-28 冻干菌剂活菌数的影响

在植物乳杆菌细胞冷冻的过程中,细胞中的蛋白质会发生脱水变性。海藻糖作为一种双糖,在冷冻的过程中能填充到因蛋白质失水而形成的空缺中,从而有效的抑制植物乳杆菌细胞内蛋白质在冷冻过程中发生的变性。实验研究了不同浓度的海藻糖对植物乳杆菌 G1-28 冻干菌剂活菌数的影响,实验结果见图 6-2。

由图 6-2 可以看出,当海藻糖添加量在 0~2% 范围内,随着海藻糖浓度的增加,植物乳杆菌 G1-28 细胞存活率逐渐提高;但当海藻糖浓度增加到 2% 时,随着

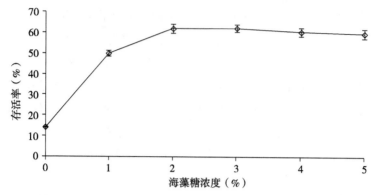

图 6-2 海藻糖浓度对植物乳杆菌 G1-28 细胞存活率的影响

海藻糖浓度的增加,植物乳杆菌 G1-28 细胞存活率不再显著增大,Ambros 等人研究也发现在真空干燥状态下,海藻糖具有保护乳酸菌稳定性的作用。因此,通过单因素实验确定海藻糖适宜浓度为 2%。

(3)山梨醇对植物乳杆菌 G1-28 冻干菌剂活菌数的影响

山梨糖醇具有良好的保湿性能,在溶液中会与水分子发生结合,容易渗透到植物乳杆菌的细胞内,在低温冷冻条件下可增加溶液的黏性,从而抑制水的结晶,能保护植物乳杆菌细胞的活性,和甘油一起使用对细胞的保护具有增效作用。因此,实验研究了山梨醇对植物乳杆菌 G1-28 冻干菌剂活菌数的影响,实验结果见图 6-3。

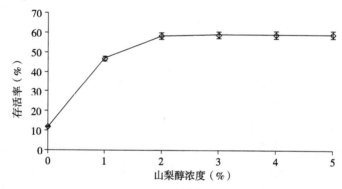

图 6-3 山梨醇浓度对植物乳杆菌 G1-28 细胞存活率的影响

由图 6-3 可以看出,山梨醇在 0~2% 的范围内,随着浓度的增加,植物乳杆菌 G1-28 细胞存活率逐渐提高,但当山梨醇浓度大于 2% 时,随着浓度的增加,植物乳杆菌 G1-28 细胞存活率不再显著提高,呈现下降的趋势,因此,通过单因素实验确定山梨醇保护剂的适宜浓度为 2%。

(4)甘油对植物乳杆菌 G1-28 冻干菌剂活菌数的影响

甘油作为一种小分子可溶性物质,能以自由扩散的方式透过微生物的细胞膜。由于甘油易溶于水,并易与水分子发生结合作用,在添加了甘油的菌悬液中,微生物细胞在冷冻的过程中能通过水合作用增加溶液的黏性,减弱水的结晶过程,对微生物活细胞有保护作用。因此实验研究了甘油对植物乳杆菌 G1-28 冻干菌剂活菌数的影响,实验结果见图 6-4。

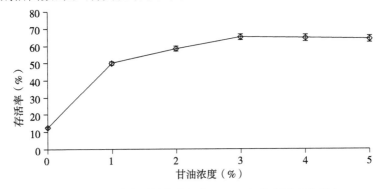

图 6-4　甘油浓度对植物乳杆菌 G1-28 细胞存活率的影响

由图 6-4 可以看出,甘油浓度为 0~3% 时,植物乳杆菌 G1-28 细胞存活率随着甘油浓度的增加逐渐提高,但当甘油浓度大于 3% 时,随着甘油浓度的增加,植物乳杆菌 G1-28 细胞存活率不再显著提高。由于山梨醇具有良好的保湿性能,在溶液中会与水分子发生结合,容易渗透到植物乳杆菌的细胞内,在冷冻条件下可增加溶液的黏性,从而抑制水的结晶,能保护植物乳杆菌细胞的活性,和甘油一起使用具有增效作用。因此,通过单因素实验确定甘油的适宜浓度为 3%。

6.1.3.3　冻干保护剂的正交实验

(1)正交实验设计及结果

由单因素实验可以看出,脱脂乳、山梨醇、海藻糖和甘油作为冻干保护剂能显著提高植物乳杆菌 G1-28 冻干菌种细胞的的存活率,但保护剂单独使用时,植物乳杆菌 G1-28 冻干后细胞最大的存活率只能达到 65.2%,为了进一步提高植物乳杆菌 G1-28 冻干菌种的存活率,实验以单因素实验确定的脱脂乳 6%,海藻糖 2%,山梨醇 2%,甘油 3% 为中心点,采用 4 因素 3 水平的正交实验,研究脱脂乳、海藻糖、山梨醇和甘油联合使用时,保护剂的最佳配比,实验的因素水平及结果见表 6-2 和表 6-3。

表 6-2　正交实验因素水平表

水平	A:脱脂乳(%)	B:海藻糖(%)	C:山梨醇	D:甘油(‰)
1	5	1	1	2
2	6	2	2	3
3	7	3	3	4

表 6-3　正交实验结果

试验号	A	B	C	D	存活率(%)
1	1	1	1	1	71.6
2	1	2	2	2	79.1
3	1	3	3	3	86.2
4	2	1	2	3	83.5
5	2	2	3	1	90.4
6	2	3	1	2	75.3
7	3	1	3	2	80.9
8	3	2	1	3	91.8
9	3	3	2	1	84.7
k_1	80.0	78.7	79.6	82.2	
k_2	83.1	87.1	82.4	78.4	
k_3	85.8	82.1	85.8	87.2	
R	5.8	8.4	6.2	8.8	

由表 6-3 可以看出,各因素对植物乳杆菌 G1-28 真空冷冻干燥菌体存活率影响的主次顺序依次是甘油>海藻糖>山梨醇>脱脂乳。最佳培养基配方为 $A_3B_2C_3D_3$,此配方不在正交实验的 9 组配方中,因此需要进行验证实验。

(2)验证实验

根据正交实验所获得的最优冻干保护剂配方进行植物乳杆菌 G1-28 的真空冷冻干燥实验,即以脱脂乳 7%,山梨醇 3%,海藻糖 2%,甘油 4% 为保护剂的条件下进行植物乳杆菌 G1-28 菌悬液的冻干实验,测定植物乳杆菌 G1-28 细胞存活率,实验结果见表 6-4。

表 6-4　验证实验结果

试验号	细胞存活率(%)
1	93.6
2	93.3
3	92.8
平均	93.2

由表 6-4 可以看出,采用正交试验优化后的保护剂进行植物乳杆菌 G1-28 的真空冷冻干燥实验,平均细胞存活率为 93.2%,高于正交试验 9 组保护剂配方获得的植物乳杆菌 G1-28 的细胞存活率。正交实验结果证明了冻干保护剂联合使用可提高植物乳杆菌 G1-28 菌体的存活率,这主要是由于不同的冻干保护剂能通过不同的保护机理和方式对益生菌菌体起到保护作用。与本文研究结果相似,隋春光和樊振南等人也通过实验证明了复合保护剂对益生菌菌体的保护效果显著高于单一保护剂。Chen 等人采用响应面优化方法优化了 *Bifidobacterium bifidum* BB01 真空冷冻过程中的保护剂配方,研究表明在甘氨酸 5.5%,低聚木糖 7%,碳酸氢钠 0.8%,精氨酸 4.5%,脱脂牛奶 25%的复合保护剂中,*Bifidobacterium bifidum* BB01 细胞可存活率可提高至 90.37%。Lee 等人研究表明 *Lactobacillus plantarum* JH287 在真空冷冻过程中的最佳保护剂配方为 10%山梨醇和 10%脱脂牛奶,在此条件下存活率可达 86.37%。Chen 和 Lee 等人研究确定的益生菌复合保护剂获得的细胞存活率略低于本实验的结果,与本文结果相同的是在益生菌冻干过程中复合保护剂配方中的脱脂牛乳都是主要的组分。这些研究结果表明乳酸菌冻干过程中复合保护剂可达到理想的保护效果,真空冷冻干燥后乳酸菌细胞的存活率可提高到 85%以上。

6.1.3.4　冻干发酵剂保存性能测定

将真空冷冻干燥后的植物乳杆菌 G1-28 发酵剂,装入经灭菌处理的铝箔聚酯复合袋内,分别采用真空和常压包装,在-4℃和室温下分别保藏 2 个月和 4 个月,进行平板菌落计数,测定植物乳杆菌 G1-28 细胞存活率,实验结果见表 6-5。

表 6-5　发酵剂保存性测定

保存条件		存活率(%) 2 个月	存活率(%) 4 个月
常压	室温	80.4	68.2
常压	-4℃	83.3	72.6

保存条件		存活率(%) 2个月	存活率(%) 4个月
常压	−20℃	87.5	86.8
真空	室温	90.5	85.7
真空	−4℃	93.2	92.3
真空	−20℃	98.2	97.1

由表6-5可以看出,在相同的保藏温度下,在真空保藏后,发酵剂中的植物乳杆菌细胞的存活率高于常压保藏,在真空保藏条件下,−20℃的低温保藏后发酵剂中植物乳杆菌G1-28细胞的存活率显著高于在室温和−4℃条件下进行的菌剂保藏效果。因此确定制备的冻干发酵剂在的适宜保藏条件为真空条件下−20℃保藏。王桃等人的研究也表明了较低的保藏温度更有利于益生菌菌体活力的保持。

6.1.4　小结

通过离心转速和时间对植物乳杆菌G1-28细胞存活率的影响,确定植物乳杆菌G1-28菌悬液的离心收集条件为5000 r/min,20 min。

通过植物乳杆菌G1-28冻干保护剂的单因素和正交实验,确定植物乳杆菌G1-28冻干保护剂为脱脂乳7%,山梨醇3%,海藻糖2%,甘油4%,冷冻干燥过程中植物乳杆菌G1-28细胞存活率可达93.2%。

通过研究制备的保护剂保藏条件对植物乳杆菌G1-28细胞活菌数的影响,确定了制备的冻干保护剂的保藏条件为在真空条件下−20℃保藏。

实验的研究结果表明了使用复合保护剂可以通过多种不同的保护机制来减少冷冻干燥对益生菌菌体细胞的损伤,其冷冻干燥后益生菌细胞的存活率显著高于单一保护剂,这与隋春光和樊振南等人的研究结果相一致。制备的植物乳杆菌G1-28菌粉产品具有使用、运输、贮藏方便,不易污染杂菌等优点。下一步将进行扩大规模实验,为菌剂的生产及应用提供更直接的基础数据。

6.2　嗜酸乳杆菌L2-16冻干发酵剂的制备工艺研究

6.2.1　实验材料

6.2.1.1　菌悬液

嗜酸乳杆菌L2-16的菌悬液。

6.2.1.2　主要实验仪器与设备

同 6.1.1.2。

6.2.1.3　主要试剂

同 6.1.1.3。

6.2.2　方法

6.2.2.1　嗜酸乳杆菌 L2-16 菌悬液离心条件的选择

将 10 mL 嗜酸乳杆菌 L2-16 菌体培养液移入无菌离心管中,分别在 3000 r/min,10 min;3000 r/min,20min;4000 r/min,10 min;4000 r/min,20min;5000 r/min,10 min;5000 r/min,20min;6000 r/min,15min;6000 r/min,20min 离心,收集嗜酸乳杆菌 L2-16 菌体沉淀,10 mL 生理盐水洗涤 2 次后用于嗜酸乳杆菌 L2-16 的活细胞计数,以未处理的嗜酸乳杆菌 L2-16 菌悬液为空白对照,计算活细胞收集率。

6.2.2.2　嗜酸乳杆菌 L2-16 冻干保护剂的确定

(1)嗜酸乳杆菌 L2-16 冻干保护剂的单因素实验

将离心后制备的嗜酸乳杆菌 L2-16 的菌泥,通过平板技术法测定嗜酸乳杆菌 L2-16 细胞的活菌数 N_0。按照保护剂:菌泥为(w/v)2:1 进行配比,利用涡旋混合器充分混匀后,将其分装后在 -40℃ 预冻 6 h,在冷阱温度 -51℃,真空度 0.09 MPa 进行真空冷冻干燥 22~24 h。冻干后将冻干瓶于 -20℃ 存放 48 h,30℃ 水浴中解冻。

①脱脂乳对嗜酸乳杆菌 L2-16 冻干菌剂细胞存活率的影响。

将脱脂乳配成 0、3、6、9、12 和 15% 的浓度,以不加脱脂乳的蒸馏水为空白对照,冻干后对嗜酸乳杆菌 L2-16 冻干菌体进行保藏解冻,测定嗜酸乳杆菌 L2-16 活菌数 N_1,计算嗜酸乳杆菌 L2-16 的存活率。

②海藻糖对嗜酸乳杆菌 L2-16 冻干菌剂活菌数的影响。

将海藻糖配成 1%、2%、3%、4% 和 5% 的浓度,以不加海藻糖的蒸馏水为空白对照,冻干后保藏解冻,测定嗜酸乳杆菌 L2-16 活菌数 N_1,计算存活率。

③山梨醇对嗜酸乳杆菌 L2-16 冻干菌剂活菌数的影响。

将山梨醇配成 1%、2%、3%、4% 和 5% 的浓度,以不加山梨醇的蒸馏水为空白对照,冻干后保藏解冻,测定嗜酸乳杆菌 L2-16 活菌数 N_1,计算存活率。

④甘油对嗜酸乳杆菌 L2-16 冻干菌剂活菌数的影响。

将甘油配成 1%、2%、3%、4% 和 5% 的浓度,以不加甘油的蒸馏水为空白对照,冻干后保藏解冻,测定嗜酸乳杆菌 L2-16 活菌数 N_1,计算存活率。

(2)嗜酸乳杆菌 L2-16 冻干保护剂的正交实验

根据单因素实验结果设计 4 因素 3 水平的正交实验。

6.2.2.3 嗜酸乳杆菌 L2-16 冻干发酵剂保存性测定

将真空冷冻干燥后的嗜酸乳杆菌 L2-16 发酵剂装入经灭菌处理的铝箔聚酯复合袋内,分别采用真空和常压包装,在-20℃、-4℃和室温下分别保藏 2 个月和 4 个月,进行嗜酸乳杆菌 L2-16 活菌数的平板菌落计数。

6.2.3 结果与分析

6.2.3.1 嗜酸乳杆菌 L2-16 离心条件的确定

离心是发酵剂制备的关键工艺环节,因此实验研究了离心转数及时间对收获的嗜酸乳杆菌 L2-16 活细胞浓度的影响,实验结果见表 6-6。

表 6-6 离心条件对嗜酸乳杆菌 L2-16 活细胞收获率的影响

试验号	离心条件	活细胞收获率(%)
1	3000 r/min,10 min	39.51
2	3000 r/min,20 min	72.88
3	4000 r/min,10 min	64.66
4	4000 r/min,20 min	92.39
5	5000 r/min,10 min	86.63
6	5000 r/min,20 min	95.30
7	6000 r/min,10 min	93.23
8	6000 r/min,20 min	74.97

由表 6-6 可以看出,当离心转速为低于 4000 r/min 时,离心转速较低,有些嗜酸乳杆菌 L2-16 的小细胞不易被收集,但当离心转速达到 6000 r/min 时,离心转速高,容易导致细胞的死亡,导致活细胞数较低,因此较适宜的嗜酸乳杆菌

L2-16 离心收集条件为 5000 r/min,20 min,此时,收获的嗜酸乳杆菌 L2-16 活细胞数是离心前的 95.30%。

6.2.3.2 嗜酸乳杆菌 L2-16 冻干保护剂的单因素实验

(1)脱脂乳对嗜酸乳杆菌 L2-16 冻干菌剂细胞存活率的影响

脱脂乳含有一定的蛋白质,将脱脂乳溶解在水中,能形成胶体溶液,将乳酸菌添加到脱脂乳溶液中,菌体细胞处于蛋白质分子的包围之中,可阻止冷冻过程中细胞内形成大的冰晶,有助于保持乳酸菌菌体的活性。因此实验研究了脱脂乳浓度对真空冷冻干燥后嗜酸乳杆菌 L2-16 菌剂细胞存活率的影响,实验结果见图 6-5。

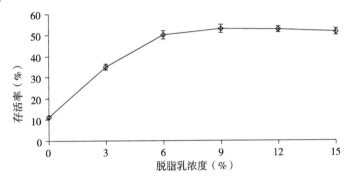

图 6-5 脱脂乳浓度对嗜酸乳杆菌 L2-16 细胞存活率的影响

由图 6-5 可以看出,当脱脂乳浓度小于 9% 时,随着脱脂乳浓度的增加,嗜酸乳杆菌 L2-16 细胞存活率显著增大,当脱脂乳浓度大于 9% 时,随着脱脂乳浓度的增加,嗜酸乳杆菌 L2-16 细胞存活率不再显著增加,因此通过单因素确定的脱脂乳适宜浓度为 9%。

(2)海藻糖对嗜酸乳杆菌 L2-16 冻干菌剂活菌数的影响

海藻糖是一种双糖,添加到含有蛋白质的物质中,在冷冻的过程中能填充到因蛋白质失水而形成的空缺中,有效抑制微生物细胞内的蛋白质在冷冻过程中发生的变性,从而有助于保持乳酸菌菌体细胞的活性。因此实验研究了不同浓度的海藻糖对嗜酸乳杆菌 L2-16 冻干菌剂活菌数的影响,实验结果见图 6-6。

由图 6-6 可以看出,当海藻糖添加量在 0~2% 范围内,随着海藻糖浓度的增加,嗜酸乳杆菌 L2-16 细胞存活率逐渐提高;但当海藻糖浓度增加到 2% 时,随着海藻糖浓度的增加,嗜酸乳杆菌 L2-16 细胞存活率不再显著增大,因此,通过单因素实验确定海藻糖适宜浓度为 2%。

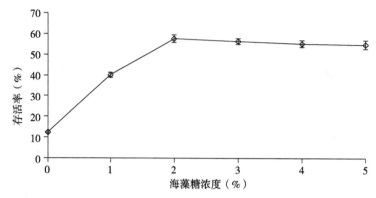

图 6-6　海藻糖浓度对嗜酸乳杆菌 L2-16 细胞存活率的影响

（3）山梨醇对嗜酸乳杆菌 L2-16 冻干菌剂活菌数的影响

山梨糖醇在溶液中会与水分子发生结合，容易渗透到微生物细胞内，可增加溶液的黏性，从而抑制水的结晶，和甘油一起使用具有增效作用。因此，实验研究了山梨醇对嗜酸乳杆菌 L2-16 冻干菌剂活菌数的影响，实验结果见图 6-7。

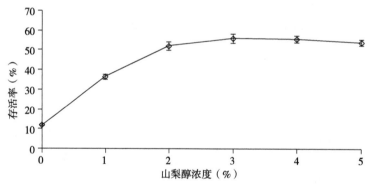

图 6-7　山梨醇浓度对嗜酸乳杆菌 L2-16 细胞存活率的影响

由图 6-7 可以看出，山梨醇浓度在 0~3% 的范围内，嗜酸乳杆菌 L2-16 细胞存活率随着山梨醇浓度的增加逐渐提高，但当山梨醇浓度大于 3% 时，嗜酸乳杆菌 L2-16 细胞存活率不再显著提高，因此，通过单因素实验确定山梨醇适宜浓度为 3%。

（4）甘油对嗜酸乳杆菌 L2-16 冻干菌剂活菌数的影响

甘油易溶于水，易与水分子发生结合作用，在菌悬液中添加甘油后，甘油能以简单扩散的方式透过微生物的细胞壁和细胞膜。因此在添加了甘油的菌悬液中，微生物在冻干的过程中能通过水合作用增加溶液的黏性，减弱水的结晶过程,对菌体能起到很好的保护作用。因此实验研究了甘油对嗜酸乳杆菌 L2-16 冻干菌剂活菌数的影响,实验结果见图 6-8。

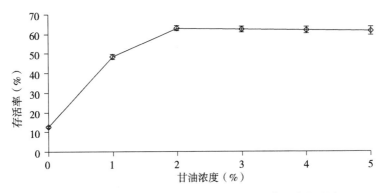

图 6-8　甘油浓度对嗜酸乳杆菌 L2-16 细胞存活率的影响

由图 6-8 可以看出,甘油浓度为 0~2% 时,嗜酸乳杆菌 L2-16 细胞存活率随着甘油浓度的增加而逐渐提高,但当甘油浓度大于 2% 时,嗜酸乳杆菌 L2-16 细胞存活率不再显著提高,因此,通过单因素实验确定甘油适宜浓度为 2%。

6.2.3.3　嗜酸乳杆菌 L2-16 冻干保护剂的正交实验

(1)正交实验设计及结果

由嗜酸乳杆菌 L2-16 冻干保护剂的单因素实验可以看出,脱脂乳、海藻糖、山梨醇和甘油能显著提高嗜酸乳杆菌 L2-16 冻干菌种细胞的的存活率,为了进一步提高嗜酸乳杆菌 L2-16 冻干菌种的存活率,实验以单因素实验确定的脱脂乳 9%,海藻糖 2%,山梨醇 3%,甘油 2% 为中心点,进行 4 因素 3 水平的正交实验,实验的因素水平及结果见表 6-7 和表 6-8。

表 6-7　正交实验因素水平表

水平	A:脱脂乳(%)	B:海藻糖(%)	C:山梨醇	D:甘油(‰)
1	8	1	2	1
2	9	2	3	2
3	10	3	4	3

表 6-8　正交实验结果

试验号	A	B	C	D	存活率(%)
1	1	1	1	1	65.7

续表

试验号	A	B	C	D	存活率(%)
2	1	2	2	2	80.6
3	1	3	3	3	81.9
4	2	1	2	3	87.1
5	2	2	3	1	81.2
6	2	3	1	2	69.7
7	3	1	3	2	78.1
8	3	2	1	3	88.3
9	3	3	2	1	74.4
k_1	76.1	77.0	74.6	73.8	
k_2	79.3	83.4	80.7	76.1	
k_3	80.3	75.3	80.4	85.8	
R	4.2	8.1	6.1	12.0	

由表6-8可以看出,各因素对嗜酸乳杆菌L2-16冻干菌体存活率影响的主次顺序依次是甘油>海藻糖>山梨醇>脱脂乳。最佳培养基配方为 $A_3B_2C_2D_3$,即脱脂乳10%,海藻糖2%,山梨醇3%,甘油3%,此配方不在正交实验的9组配方中,因此需要进行验证实验。

(2)验证实验

根据正交实验确定的嗜酸乳杆菌L2-16冻干保护剂的配方进行3次冻干实验,测定细胞存活率,实验结果见表6-9。

表6-9　验证实验结果

试验号	细胞存活率(%)
1	91.3
2	89.9
3	90.5
平均	90.6

由表6-9可以看出,在正交实验确定的嗜酸乳杆菌L2-16冻干条件下进行冷冻干燥实验,细胞的平均存活率为90.6%,高于正交试验9组保护剂配方。

6.2.3.4　冻干发酵剂保存性能测定

将真空冷冻干燥后的嗜酸乳杆菌 L2-16 发酵剂,装入经灭菌处理的铝箔聚酯复合袋内,在一定条件下进行保藏,保藏后进行平板菌落计数,测定嗜酸乳杆菌 L2-16 细胞存活率,实验结果见表 6-10。

表 6-10　嗜酸乳杆菌 L2-16 发酵剂保存性测定

保存条件		存活率(%) 2 个月	存活率(%) 4 个月
常压	室温	71.3	60.4
常压	-4℃	82.6	71.5
常压	-20℃	86.9	83.2
真空	室温	89.4	84.3
真空	-4℃	92.2	90.9
真空	-20℃	95.5	93.9

由表 6-10 可以看出,在相同的保藏温度下进行嗜酸乳杆菌 L2-16 冻干菌剂的保藏,真空保藏的嗜酸乳杆菌 L2-16 的细胞存活率高于常压保藏。在真空保藏条件下,-20℃的细胞存活率高于室温和-4℃。因此确定制备的嗜酸乳杆菌 L2-16 冻干发酵剂的适宜保藏条件为真空条件下-20℃保藏。

6.2.4　小结

通过离心转速和时间对嗜酸乳杆菌 L2-16 细胞存活率的影响,确定嗜酸乳杆菌 L2-16 菌悬液的离心收集条件为 5000 r/min,20 min,收获的嗜酸乳杆菌 L2-16 活细胞数是离心前的 95.30%。

通过嗜酸乳杆菌 L2-16 冻干保护剂的单因素和正交实验,确定冻干保护剂为脱脂乳 10%,海藻糖 2%,山梨醇 3%,甘油 3%,在此条件下冻干后嗜酸乳杆菌 L2-16 细胞存活率可达 90.6%。

通过对制备的冻干保护剂保藏条件对嗜酸乳杆菌 L2-16 细胞活菌数的影响,确定了制备的嗜酸乳杆菌 L2-16 冻干发酵剂的保藏条件为在真空条件下-20℃保藏。

第7章 辅助降胆固醇降甘油三酯益生菌发酵果蔬制品研发

益生菌是一种能促进人及动物肠道生态平衡并有助于人及动物生理健康的活性微生物。随着人们生活水平的提高,开发富含益生菌、益生元等具有改善人体健康功能的活性物质的食品已经成为食品工业的重要发展方向之一。而且研究表明某些益生菌还具有降胆固醇、抗氧化、提高免疫力等特殊功能。因此,益生菌尤其是双歧杆菌(*Bifidobacterium*)和乳杆菌属(*Lactobacillus*)的益生菌已经被越来越多地应用于食品工业。随着人们生活水平的提高,我国冠心病、动脉粥样硬化及高血压等心脑血管疾病成为威胁人们健康的重要疾病,而血清中胆固醇和甘油三酯的含量过高导致的高血脂症被认为是主要因素。

国内外目前对于降胆固醇益生菌的筛选研究报道相对较多,但对体外降甘油三酯益生菌的筛选及其产品的研究较少。2007 年 Nguyen 等人从婴儿粪便中分离出一株具有降胆固醇和甘油三酯功能的植物乳杆菌 PH04,按照每天每只 10^7 CFU 喂养高胆固醇小鼠,喂养 14 d 后血清中的胆固醇和甘油三酯分别降低 7%和 10%。2014 年 Rajkumar 等人研究发现服用益生菌(VSL#3)组的患者的总胆固醇、甘油三酯、低密度脂蛋白明显降低($P<0.05$)。目前降解甘油三酯的菌种主要是以红曲、灵芝等食用药用真菌为主,而利用益生菌降解甘油三酯的研究罕见报道。今后有待于进一步筛选同时具有降胆固醇和降甘油三酯功能的益生菌,并将这种益生菌应用于降血脂功能性食品的开发。

果蔬中富含碳水化合物、氨基酸、维生素和矿物质等营养成分,不仅有利于人体健康,也有利于益生菌的生长。甘蓝、苹果、马铃薯等果蔬已经用作益生菌饮料生产的原料。泡菜是我国人民传统特色发酵食品的代表之一,一般是采用自然发酵,其中优势微生物为乳酸菌,通过乳酸菌发酵产生的代谢产物,赋予泡菜风味和感官特性。研究表明,嗜酸乳杆菌(*Lactobacillus acidophilus*)和植物乳杆菌(*Lactobacillus plantarum*)等乳酸菌可以耐受果蔬本身和乳酸菌发酵导致的较高的酸度和较低的 pH 环境进行生长,在代谢中产生对健康有益的物质,或者可将原料中的脂肪等物质代谢,从而有利于人们的健康。Mousavi 等人研究采用植物乳杆菌(*Lactobacillus plantarum*)、嗜酸乳杆菌(*Lactobacillus acidophilus*)和德氏乳杆菌(*Lactobacillus delbrueckii*)三种益生菌制备番石榴汁发酵饮料,结果表明德氏乳杆菌(*Lactobacillus delbrueckii*)和植物乳杆菌(*Lactobacillus plantarum*)可以快速消耗糖并提高发酵液酸度。刘磊等人以嗜热链球菌(*Streptococcus thermophilus*)和保加利亚乳杆菌(*Lactobacillus bulgaricus*)为发酵菌株,制备了龙眼果肉乳酸菌发酵饮料。DIMITROVSKI D 等人以葡萄汁为发酵原料,以植物乳杆菌(*Lactobacillus plantarum*)PCS 26 为发酵菌种制备益生菌葡萄汁发酵饮料,在初始 pH 4.2,发酵 24 h 后,pH 达 4.7,益生菌细胞活菌数最大可达 2.5×10^9 CFU/mL。李维妮等人以苹果汁为原料,进行了益生菌发酵苹果汁的发酵工艺研究,并对有机酸的变化进行了对比分析。郑欣等人以荔枝汁为原料,进行了益生菌发酵果汁的制备,并对发酵前后荔枝汁营养品质的变化及产品的贮藏稳定性进行了研究。另外,我国学者也以枸杞胡萝卜复合果蔬汁、苹果山药复合果蔬汁等为原料进行了益生菌发酵饮料的制备工艺研究。这些研究表明以葡萄、苹果、枸杞、胡萝卜等果蔬为原料,单独或复合进行益生菌发酵饮料的制备是可行的,产品不仅有利于人体健康,而且可以促进农业产业化,延伸农产品产业链条。

我国苹果、葡萄、番茄、胡萝卜、山药等果蔬种植面积大,资源丰富。这些果蔬中不仅含碳水化合物、氨基酸、无机盐等营养物质,而且富含维生素 C、多酚、黄酮和膳食纤维等具有抗氧化、提高免疫力和减少心脑血管疾病风险功能的活性物质。目前这些果蔬主要以鲜食或初加工为主,深加工产品种类较少。为了更好地开发具有益生功能的果蔬制品,以前期筛选的具有体外降胆固醇降甘油三酯功能的益生菌嗜酸乳杆菌、植物乳杆菌为菌种,以葡萄、苹果等果蔬为原料,对果蔬发酵的初始 pH、接种量、发酵温度和发酵时间等发酵工艺进行了研究和优化,为益生菌发酵果蔬制品的开发奠定基础。

7.1   益生菌发酵葡萄汁工艺研究

7.1.1   材料

7.1.1.1   原料

巨峰葡萄:市售,新鲜,无损伤、病害或腐烂。

7.1.1.2 菌种

嗜酸乳杆菌(*Lactobacillus acidophilus*)L2-16:从发酵食品中分离的具有体外降胆固醇和甘油三酯功能的益生菌,巢湖学院食品工程实验室保藏。

7.1.1.3 试剂

碳酸钠、氢氧化钠(均为分析纯):国药化学试剂有限公司。

果胶酶(50000 U/g):河南华悦化工产品有限公司。

MRS 培养基:北京奥博星生物技术有限责任公司。

7.1.1.4 仪器与设备

LDZM-80KCS-Ⅲ 立式压力蒸汽灭菌器:上海申安医疗器械厂;JYZ-V5 PLUS 九阳智能原汁机:九阳股份有限公司;DHG-9140A 电热恒温鼓风干燥箱:上海三发科学仪器有限公司; SHP-160 智能生化培养箱 上海三发科学仪器有限公司;SW-CJ-2FD 型超净工作台:苏州净化设备有限公司。

7.1.2 方法

7.1.2.1 嗜酸乳杆菌 L2-16 菌种活化及制备

将-20℃保藏的嗜酸乳杆菌 L2-16 甘油管,按照 1% 的接种量接种到 50 mL 的 MRS 液体培养基中,37℃条件下静置培养 12 h,用无菌水离心洗涤 3 次,并用无菌水调至适宜浓度,得到嗜酸乳杆菌 L2-16 菌悬液,备用。

7.1.2.2 益生菌发酵葡萄汁饮料制备

将葡萄除梗后,清洗,压榨,制成新鲜果汁,加果胶酶静置澄清,取上清液,采用浓度 1 mol/L 的 Na_2CO_3 调节 pH,接种制备的嗜酸乳杆菌 L2-16 菌悬液,在一定温度下静置发酵至 pH 不再增加。

7.1.2.3 嗜酸乳杆菌 L2-16 发酵葡萄汁的单因素试验

(1)初始 pH 对益生菌发酵葡萄汁的影响

用浓度 1 mol/L 的 Na_2CO_3 或 HCl 将葡萄汁(初始 pH 3.3)的初始 pH 分别调节至 3.5、4.0、4.5、5.0、5.5 和 6.0,接入制备好的嗜酸乳杆菌 L2-16 菌悬液

（接种量 2%），在 36℃ 条件下发酵 24 h，测定嗜酸乳杆菌 L2-16 活菌数并对发酵葡萄汁进行感官评价。

（2）接种量对益生菌发酵葡萄汁的影响

将制备的嗜酸乳杆菌 L2-16 菌悬液按照 0.5%、1.0%、1.5%、2.0%、2.5%、3.0% 的接种量，分别接入到葡萄汁中，在 36℃ 条件下发酵 24 h，测定嗜酸乳杆菌 L2-16 活菌数并对发酵葡萄汁进行感官评价。

（3）发酵温度对益生菌发酵葡萄汁的影响

按照 2% 的接种量接种嗜酸乳杆菌 L2-16 菌悬液，在 20℃、24℃、28℃、32℃、36℃、40℃ 发酵 24 h，测定嗜酸乳杆菌 L2-16 活菌数并对发酵葡萄汁进行感官评价。

（4）发酵时间对益生菌发酵葡萄汁的影响

按照 2% 的接种量接种嗜酸乳杆菌 L2-16 菌悬液，在 36℃ 条件下分别发酵 12 h、16 h、20 h、24 h、28 h、32 h，测定嗜酸乳杆菌 L2-16 活菌数并对发酵葡萄汁进行感官评价。

7.1.2.4　益生菌嗜酸乳杆菌 L2-16 发酵葡萄汁饮料工艺优化正交试验

以葡萄汁发酵的接种量、初始 pH、发酵温度及发酵时间为影响因素，设计 4 因素 3 水平的正交试验，以嗜酸乳杆菌 L2-16 活菌数和发酵葡萄汁感官评价结果为指标，确定益生菌发酵葡萄汁的最佳工艺条件。

7.1.2.5　分析检测

（1）嗜酸乳杆菌 L2-16 的活菌数

采用平板计数法测定嗜酸乳杆菌 L2-16 的活菌数。将发酵葡萄汁进行系列十倍梯度稀释，取合适的三个稀释度的葡萄汁稀释液各 0.1 mL，在 MRS 平板表面涂布均匀，在 37℃ 恒温倒置培养 24 h 后，计数平板表面长出的菌落数，再乘以稀释倍数，即为嗜酸乳杆菌 L2-16 的活细胞数。

（2）嗜酸乳杆菌 L2-16 发酵葡萄汁饮料酸度的测定

按照 GB 5009.239—2016 食品酸度的测定中规定的 pH 计法，测定益生菌发酵葡萄汁的酸度。

（3）感官评价

参考王姵楠等人对葡萄玫瑰花饮品设定的感官评价方法，并根据嗜酸乳杆菌 L2-16 发酵葡萄汁饮料的特点进行适当修改。从色泽、香气、风味和体态四方面对制备的益生菌发酵葡萄汁进行感官评价,评分细则见表 7-1。

表 7-1 益生菌发酵葡萄汁感官评价标准

评分项目	感官评价	分值(分)
色泽 (20分)	色泽玫红,有光泽	14~20
	色泽较暗、略有光泽	7~13
	色泽暗淡,无光泽	0~6
香气 (30分)	具有典型葡萄香味,无不良异味	21~30
	具有一定的葡萄香味	11~20
	葡萄香味较淡,有刺激性气味	0~10
风味 (30分)	口感较协调,酸甜适口	21~30
	口感一般,酸味较重	11~20
	口感粗糙,有不良酸涩味	0~10
体态 (20分)	发酵葡萄汁均匀,无分层现象	14~20
	发酵葡萄汁有少许沉淀	7~13
	发酵葡萄汁有沉淀和分层现象	0~6

7.1.3　结果与分析

7.1.3.1　益生菌嗜酸乳杆菌 L2-16 发酵葡萄汁饮料的单因素试验

(1)初始 pH 对益生菌发酵葡萄汁的影响(图 7-1)

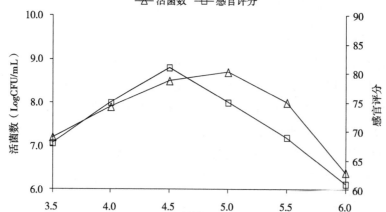

图 7-1 初始 pH 对益生菌发酵葡萄汁的影响

　　由图 7-1 可以看出,初始 pH 对发酵后嗜酸乳杆菌 L2-16 的活细胞数影响显著($P<0.01$),当初始 pH 3.5 时,由于酸度过大,对嗜酸乳杆菌 L2-16 的生长不利,导致嗜酸乳杆菌 L2-16 的生长速度减慢,发酵后活细胞数较低;在初始 pH 3.5~5.0,嗜酸乳杆菌 L2-16 的活细胞数随着初始 pH 的增大而逐渐增大,当初始 pH>5.0 时,嗜酸乳杆菌 L2-16 的活细胞数呈下降的趋势。初始 pH 对益生菌发酵葡萄汁的感官评分影响显著($P<0.01$),在初始 pH 3.5~4.5,益生菌发酵葡萄汁的感官评分随着初始 pH 的增大而逐渐提高,当初始 pH>4.5 时,益生菌发酵葡萄汁的感官评分呈下降的趋势。因此,综合考虑确定益生菌发酵葡萄汁的适宜的初始 pH 为 4.5。

　　(2)接种量对益生菌发酵葡萄汁的影响(图 7-2)

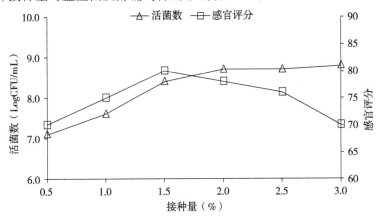

图 7-2　接种量对益生菌发酵葡萄汁的影响

　　由图 7-2 可以看出,嗜酸乳杆菌 L2-16 的接种量对发酵葡萄汁的活细胞数和产品感官评分影响显著($P<0.01$)。当嗜酸乳杆菌 L2-16 的接种量为 0.5%~2.0%时,随着菌体接种量的增大,嗜酸乳杆菌 L2-16 的活细胞数显著提高($P<0.01$),但随着菌体接种量的继续增大,嗜酸乳杆菌 L2-16 活细胞数不再显著增加($P>0.1$)。当嗜酸乳杆菌 L2-16 的接种量为 0.5%~2.0%时,发酵葡萄汁的感官评分随着接种量的增大有增加的趋势,但接种量继续增大,感官评分不再提高反而显著下降($P<0.01$)。因此,综合考虑,确定嗜酸乳杆菌 L2-16 较适宜的接种量为 2.0%。

　　(3)发酵温度对益生菌发酵葡萄汁发酵的影响

　　由图 7-3 可以看出,发酵温度对益生菌发酵葡萄汁中的嗜酸乳杆菌 L2-16 的活细胞数影响显著($P<0.01$)。在 20~36℃,随着发酵温度的升高,嗜酸乳杆

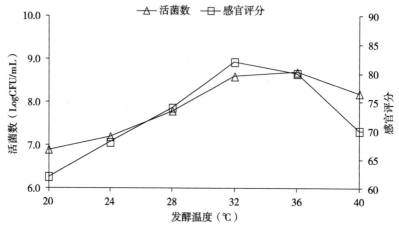

图 7-3　发酵温度对益生菌发酵葡萄汁的影响

菌 L2-16 的活细胞数逐渐增加,但当发酵温度继续提高,嗜酸乳杆菌 L2-16 的活细胞数显著下降。另外,可以看出发酵温度显著影响益生菌发酵葡萄汁的感官评分($P<0.01$),在 20~32℃,随着发酵温度的提高,产品感官品质逐渐增加,当温度提高到 36℃时,产品感官品质没有显著下降,当发酵温度提高到 40℃时,益生菌发酵葡萄汁的感官品质显著下降。因此,综合考虑嗜酸乳杆菌 L2-16 的活细胞数和发酵葡萄汁的感官品质,选择较适宜的发酵温度为 32℃。

（4）发酵时间对益生菌发酵葡萄汁的影响（图 7-4）

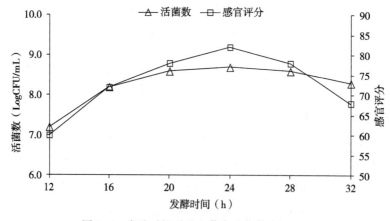

图 7-4　发酵时间对益生菌发酵葡萄汁的影响

由图 7-4 可以看出,发酵时间在 12~20 h 范围内,随着葡萄汁发酵时间的延长,嗜酸乳杆菌 L2-16 的活菌数显著增大($P<0.01$),此后,随着发酵时间的延

长,当嗜酸乳杆菌 L2-16 的活菌数不再显著增加,甚至有下降的趋势。发酵时间在 20 h 后,嗜酸乳杆菌 L2-16 进入到稳定期,细胞的死亡率大于其繁殖速率。另外可以看出,发酵时间显著影响益生菌发酵葡萄汁的感官品质($P<0.01$),发酵时间在 12~24 h 内,随着益生菌发酵时间的延长,发酵葡萄汁产品的感官品质逐渐提高,此后,随着发酵时间的延长,产品感官品质呈下降的趋势。因此,综合考虑确定适宜的发酵时间为 24 h。

7.1.3.2　嗜酸乳杆菌 L2-16 发酵葡萄汁的正交实验

在嗜酸乳杆菌 L2-16 发酵葡萄汁的单因素试验基础上,设计 4 因素 3 水平的正交试验,正交试验因素与水平见表 7-2,结果与分析见表 7-3,方差分析见表 7-4。

表 7-2　葡萄汁发酵工艺优化正交试验因素与水平

水平	A:初始 pH	B:接种量(%)	C:发酵温度(℃)	D:发酵时间(h)
1	4.0	1.5	28	20
2	4.5	2.0	32	24
3	5.0	2.5	36	28

表 7-3　葡萄汁发酵工艺优化正交试验结果与分析

试验号	A	B	C	D	活细胞数对数值	感官评分(分)
1	1	1	1	1	7.7	69
2	1	2	2	2	8.4	75
3	1	3	3	3	7.9	82
4	2	1	2	3	8.0	87
5	2	2	3	1	8.8	85
6	2	3	1	2	8.6	83
7	3	1	3	2	8.1	73
8	3	2	1	3	7.3	81
9	3	3	2	1	8.5	84
j_1	8.00	7.93	7.87	8.33		
j_2	8.47	8.17	8.30	8.37		
j_3	7.97	8.33	8.27	7.73		
k_1	75.3	76.3	77.7	79.3		
k_2	85.0	80.3	82.0	77.0		

试验号	A	B	C	D	活细胞数对数值感官评分(分)
k_3	79.3	83.0	80.0	83.3	
R_j	0.50	0.40	0.43	0.64	
R_k	9.7	6.7	4.3	6.3	

注:j 代表活细胞数,k 代表感官评分。

表7-4　葡萄汁发酵正交试验结果方差分析

	方差来源	平方和	自由度	均方	F 值	P 值	显著性
活细胞数	A	1.407	2	0.703	3.417	0.049	*
	B	0.727	2	0.363	1.552	0.232	
	C	1.047	2	0.523	2.370	0.115	
	D	2.287	2	1.143	6.759	0.005	* *
	总变异	6.347					
感官评分	A	424.667	2	212.333	8.382	0.002	* *
	B	202.667	2	101.333	2.930	0.073	
	C	84.667	2	42.333	1.072	0.358	
	D	184.667	2	92.333	2.613	0.094	
	总变异	1032.667					

注:"*"表示显著($P<0.05$);"* *"表示极显著($P<0.01$)。

由表7-3可知,以嗜酸乳杆菌 L2-16 的活细胞数作为评价指标,对发酵葡萄汁中的益生菌活菌数影响的主次顺序为发酵时间>初始 pH>发酵温度>接种量,最佳发酵葡萄汁制备工艺条件组合为 $A_2B_3C_2D_2$,即最佳初始 pH 4.5,接种量 2.5%,在 32 ℃发酵 24 h。以发酵葡萄汁的感官评分作为评价指标,对感官评分影响的主次顺序为初始 pH>接种量>发酵时间>发酵温度,发酵葡萄汁最佳制备工艺条件为 $A_2B_3C_2D_3$,即最佳初始 pH 4.5,接种量 2.5%,在 32℃发酵 28 h。方差分析表明:葡萄汁发酵时间对嗜酸乳杆菌 L2-16 的活菌数影响极显著,初始 pH 对益生菌活菌数影响显著,初始 pH 对产品感官评分影响极显著。因此,综合考虑嗜酸乳杆菌 L2-16 的活细胞数和发酵葡萄汁的感官品质,确定最佳葡萄汁发酵工艺条件为最佳初始 pH 4.5,接种量 2.5%,在 32℃发酵 26 h。在此最佳工艺条件下,进行验证试验,嗜酸乳杆菌 L2-16 活细胞数对数平均值为 8.87,发酵葡萄汁的感官评分平均值为 88.3 分,酸度为 90.1°T。

7.1.4　小结

利用嗜酸乳杆菌 L2-16 为菌株发酵巨峰葡萄汁,通过发酵因素的单因素试验研究表明在发酵过程中,接种量、初始 pH、发酵温度和发酵时间对嗜酸乳杆菌 L2-16 的活菌数和发酵葡萄汁产品感官品质影响显著。

通过单因素和正交试验确定益生菌发酵葡萄汁饮料的最佳制备工艺条件为最佳初始 pH 4.5,接种量 2.5%,在 32℃ 发酵 26 h。在此优化条件下,葡萄汁发酵饮料中嗜酸乳杆菌 L2-16 的活菌数对数值为 8.87,发酵葡萄汁的感官评分 88.3 分,酸度为 90.1°T。

7.2　益生菌发酵苹果汁工艺研究

7.2.1　材料

7.2.1.1　原料

红富士苹果:市售,新鲜,无损伤或腐烂。

7.2.1.2　菌种

植物乳杆菌(*Lactobacillus plantarum*)G1-28:从传统腊肠中分离的具有体外降胆固醇和甘油三酯功能的益生菌,巢湖学院食品工程实验室保藏。

7.2.1.3　试剂

MRS 培养基:北京奥博星生物技术有限责任公司。
碳酸钠、氢氧化钠(均为分析纯):国药化学试剂有限公司。
果胶、海藻酸钠、黄原胶:食品级。

7.2.1.4　仪器与设备

DHG-9140A 电热恒温鼓风干燥箱:上海三发科学仪器有限公司;LDZM-80KCS-Ⅲ 立式压力蒸汽灭菌器:上海申安医疗器械厂;SW-CJ-2FD 型超净工作台:苏州净化设备有限公司;SHP-160 智能生化培养箱:上海三发科学仪器有限公司;JYZ-V5 PLUS 九阳智能原汁机:九阳股份有限公司。

7.2.2　方法

7.2.2.1　菌种活化及制备

将-20℃保藏的植物乳杆菌 G1-28 甘油管室温融化,取 1 mL 菌悬液接种到 50 mL MRS 液体培养基中,30℃静置培养 14~16 h,用无菌蒸馏水离心洗涤 2 次, 并用无菌蒸馏水调至适宜浓度备用。

7.2.2.2　苹果汁的制备

挑选新鲜,无损伤和霉烂的市售红富士苹果,用自来水进行清洗,沥干水分, 水果刀切开去核,切成小块,用榨汁机压榨,制成新鲜果汁备用。

7.2.2.3　苹果汁发酵及调配

将制备的苹果汁,用 1 mol/L 的碳酸钠调节 pH,接种制备的植物乳杆菌 G1-28 的菌悬液,在 20-40℃静置发酵至 pH 不再增加,添加果胶 0.03%添加量,海藻 酸钠 0.3%,黄原胶 0.03%。

7.2.2.4　苹果汁发酵的单因素实验

(1)初始 pH 对苹果汁发酵的影响

将苹果汁(初始 pH 3.6)用 1 mol/L 的碳酸钠或盐酸将初始 pH 分别调节至 3.0、4.0、5.0、6.0 和 7.0,按照 2%的接种量接入植物乳杆菌 G1-28 菌悬液,在 30℃发酵 30 h,测定植物乳杆菌 G1-28 活菌数并进行感官评价。

(2)接种量对苹果汁发酵的影响

按照 1.0%、2.0%、3.0%、4.0%和 5.0%的接种量,将植物乳杆菌 G1-28 菌 悬液接入到苹果汁中,在 30℃发酵 30 h,测定植物乳杆菌 G1-28 活菌数并进行 感官评价。

(3)发酵温度对苹果汁发酵的影响

按照 2%的接种量接种植物乳杆菌 G1-28 菌悬液,在 20℃、25℃、30℃、35℃ 和 40℃发酵 30 h,测定植物乳杆菌 G1-28 活菌数并进行感官评价。

(4)发酵时间对苹果汁发酵的影响

按照 2%接种量接种植物乳杆菌 G1-28 菌悬液,在 35℃分别发酵 12 h、16 h、 20 h、24 h、28 h、32 h、36 h 和 40 h,测定植物乳杆菌 G1-28 活菌数并进行感官评价。

7.2.2.5　苹果汁发酵的正交实验

以苹果汁发酵的初始 pH、接种量、发酵温度及发酵时间为影响因素设计正交试验,以植物乳杆菌 G1-28 活菌数和发酵苹果汁的感官评价结果为评价指标,确定最佳的苹果汁发酵工艺条件。

7.2.2.6　分析检测

(1)植物乳杆菌 G1-28 活菌数的测定

采用平板计数法测定植物乳杆菌 G1-28 活菌数。将发酵苹果汁进行 10 倍梯度稀释,取 3 个适宜稀释度的菌悬液各 0.1 mL 涂布在 MRS 固体培养基平板表面,37℃倒置培养 24 h 后,计数菌落数,乘以稀释倍数,即为植物乳杆菌 G1-28 的活菌数。

(2)发酵苹果汁酸度的测定

按照 GB 5009.239—2016 食品安全国家标准,采用 pH 计法,测定发酵苹果汁饮料的酸度。

(3)感官评价

参考李维妮等对发酵苹果汁饮料的感官评价方法,并根据发酵苹果汁饮料的特点进行修改,主要从色泽、香气和风味进行评价。具体评分细则见表 7-5。

表 7-5　发酵苹果汁感官评价标准

评分项目	感官评价	分值(分)
色泽 (20分)	色泽淡黄,有光泽	14~20
	色泽较暗、略有光泽	7~13
	色泽暗淡,无光泽	0~6
香气 (40分)	具有典型苹果香味,无不良异味	31~40
	具有一定的苹果香味	21~30
	苹果香味较淡,有刺激性气味	0~20
风味 (40分)	口感较协调,酸甜适口	31~40
	口感一般,酸味较重	21~30
	口感粗糙,有不良酸涩味	0~20

7.2.3 结果与分析

7.2.3.1 发酵苹果汁的单因素实验

(1)初始 pH 对苹果汁发酵的影响(图 7-5)

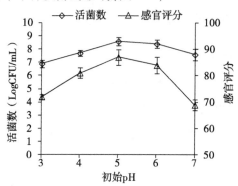

图 7-5 初始 pH 对苹果汁发酵的影响

由图 7-5 可以看出,苹果汁的初始 pH 对植物乳杆菌 G1-28 的活菌数影响显著($P<0.01$),当苹果汁酸度过大(pH 3.0)时,抑制了植物乳杆菌 G1-28 的生长,导致植物乳杆菌 G1-28 生长速度减慢,发酵后活菌数较低;当苹果汁的初始 pH 在 3.0~5.0 时,植物乳杆菌 G1-28 的活菌数随着苹果汁初始 pH 的增大而逐渐提高,当初始 pH>5.0 时,植物乳杆菌 G1-28 的活菌数随着初始 pH 的增加而下降。初始 pH 对发酵苹果汁的感官影响显著($P<0.01$),当苹果汁的初始 pH 在 3.0~5.0 时,感官评分随着初始 pH 的增大而逐渐提高,当初始 pH>5.0 时,感官评分则呈下降的趋势。因此,综合考虑确定苹果汁发酵的适宜初始 pH 为 5.0。

(2)接种量对苹果汁发酵的影响(图 7-6)

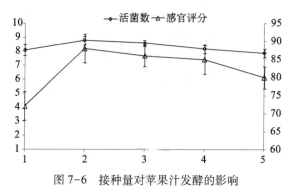

图 7-6 接种量对苹果汁发酵的影响

由图 7-6 可以看出,植物乳杆菌 G1-28 的接种量对发酵苹果汁的活菌数和感官评分影响显著($P<0.01$)。当接种量为 1.0%~2.0% 时,植物乳杆菌 G1-28 活菌数随着植物乳杆菌 G1-28 接种量的增大而显著提高($P<0.01$),但当植物乳杆菌 G1-28 的接种量 > 2.0% 时,活菌数不再显著增加($P>0.1$)。当植物乳杆菌 G1-28 的接种量为 1.0%~2.0% 时,感官评分随着接种量的增大而增加,但接种量继续增大,感官评分不再提高反而显著下降($P<0.01$)。因此,综合考虑,确定植物乳杆菌 G1-28 较适宜的接种量为 2.0%。

(3)发酵温度对苹果汁发酵的影响(图 7-7)

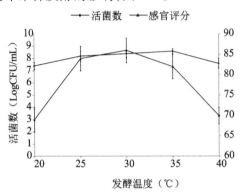

图 7-7 发酵温度对苹果汁发酵的影响

由图 7-7 可以看出,发酵温度对苹果汁中的植物乳杆菌 G1-28 活菌数影响显著($P<0.01$)。发酵温度在 20~35℃时,植物乳杆菌 G1-28 活菌数随着发酵温度的升高而逐渐增加,但当发酵温度继续提高则发酵苹果汁中的活菌数显著下降。另外,发酵温度显著影响发酵苹果汁的感官评分($P<0.01$),当发酵温度在 20~30℃,随着温度的提高发酵苹果汁的感官品质逐渐提高,当温度大于 30℃时,随着发酵温度的提高感官品质显著下降因此,综合考虑活细胞数和感官品质情况,选择较适宜的发酵温度为 30℃。

(4)发酵时间对苹果汁发酵的影响

由图 7-8 可以看出,发酵时间在 12~36 h 的范围内,植物乳杆菌 G1-28 的活菌数随着发酵时间的延长显著增大($P<0.01$),发酵时间 > 36 h 后,植物乳杆菌 G1-28 活菌数不再增加。另外,发酵时间显著影响着发酵苹果汁的感官品质($P<0.01$),发酵 12~32 h 范围内,感官品质随着发酵时间的延长逐渐提高;发酵时间 > 32 h 时,发酵苹果汁的感官品质不再增加。因此,综合考虑,确定适宜的发酵时间为 36 h。

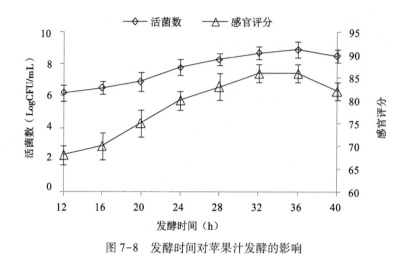

图 7-8　发酵时间对苹果汁发酵的影响

7.2.3.2　发酵苹果汁的正交实验

在植物乳杆菌 G1-28 发酵苹果汁单因素实验的基础上,设计 4 因素 3 水平的正交试验进行苹果汁发酵工艺的优化,正交试验因素与水平见表 7-6,正交实验结果与分析见表 7-7。

表 7-6　发酵工艺优化正交试验因素与水平

水平	A:初始 pH	B:接种量(%)	C:发酵温度(℃)	D:发酵时间(h)
1	4.0	1.5	25	32
2	5.0	2.0	30	36
3	6.0	2.5	35	40

表 7-7　苹果汁发酵正交实验结果与分析

试验号	A	B	C	D	活细胞数对数值	感官评分(分)
1	1	1	1	1	7.9	75
2	1	2	2	2	8.6	85
3	1	3	3	3	7.5	81
4	2	1	2	3	8.4	88
5	2	2	3	1	8.8	83
6	2	3	1	2	9.1	78
7	3	1	3	2	7.7	82
8	3	2	1	3	8.3	87

续表

试验号	A	B	C	D	活细胞数对数值	感官评分（分）
9	3	3	2	1	8.9	90
j_1	8.0	8.0	8.4	8.5		
j_2	8.8	8.6	8.6	8.5		
j_3	8.3	8.5	8.0	8.1		
k_1	80.3	81.7	80.0	82.7		
k_2	83.0	85.0	87.7	81.7		
k_3	86.3	83.0	82.0	85.3		
R_j	0.8	0.6	0.6	0.4		
R_k	6.0	3.3	7.7	3.6		

注：j 代表活细胞数，k 代表感官评分。

由表 7-7 可知，苹果汁发酵的各因素对活菌数影响的主次顺序为初始 pH>接种量＝发酵温度>发酵时间，最佳发酵工艺条件组合为 $A_2B_2C_2D_1$，即最佳初始 pH 5.0，接种量 2.5%，发酵温度 30℃，发酵时间 32 h。苹果汁发酵各因素对感官评分影响的主次顺序为发酵温度>初始 pH>发酵时间>接种量，最佳发酵工艺条件组合为 $A_3B_2C_2D_3$，即最佳初始 pH 6.0，接种量 2.0%，发酵温度 30℃，发酵时间 40 h。综合考虑活菌数和感官评分，确定苹果汁发酵的最佳初始 pH 为 5.5，接种量 2.5%，发酵温度 30 ℃，发酵时间 36 h。在此最佳工艺条件下，进行 3 次平行验证试验，活菌数对数平均值为 9.2，感官评分平均值为 91 分。

7.2.4　小结

利用植物乳杆菌 G1-28 发酵苹果汁，通过单因素试验研究表明在苹果汁发酵过程中，果汁的初始 pH、菌种接种量、发酵温度和发酵时间对发酵果汁的活菌数和感官品质影响显著。

通过单因素和正交试验确定苹果汁发酵饮料的最佳工艺条件为最佳初始 pH5.5，接种量 2.5%，发酵温度 30 ℃，发酵时间 36 h，在此条件下，发酵苹果汁的活菌数对数值为 9.2，感官评分 91 分。

7.3 益生菌发酵甘蓝工艺研究

7.3.1 材料

7.3.1.1 原料

甘蓝:挑选新鲜、无腐烂的甘蓝。

7.3.1.2 菌种

植物乳杆菌 G1-28:实验室筛选的具有体外降胆固醇降甘油三酯功能的益生菌,食品工程实验室保藏。

7.3.1.3 主要仪器设备

TU-1810 紫外分光光度计:北京普析通用仪器有限公司;LIN YU 型手持折光仪:上海淋誉科学仪器有限公司产品;PX124ZH 型电子天平:奥豪斯仪器(常州)有限公司产品;SW-CJ-2F 超净工作台:苏州市智拓净化设备科技有限公司;LDZM-80KCs-Ⅲ 立式压力蒸汽灭菌锅:上海申安医疗器械厂;SHP-160 智能生化培养箱:上海三发科学仪器有限公司。

7.3.1.4 主要试剂

抗坏血酸、硼酸钠、对氨基苯磺酸、氯化钠、冰醋酸、盐酸、硫酸锌、萘乙二胺、草酸、邻苯二甲酸氢钾、亚硝酸钠,均为分析纯试剂。
MRS 肉汤培养基:杭州百思生物技术有限公司。

7.3.2 实验方法

7.3.2.1 菌种活化及扩大培养

将低温冷冻保藏的植物乳杆菌 G1-28 甘油管融化,取细胞悬浮液 1 mL 接种到装有 50 mL MRS 液体培养基的 100 mL 三角瓶中,30℃ 恒温静置培养 14~16 h,用无菌水离心洗涤 3 次,并用无菌水将菌悬液调至适宜浓度备用。

7.3.2.2　甘蓝的处理及发酵

选取无霉烂的新鲜甘蓝,摘掉老叶、切除根部,将叶片分层撕下,用自来水清洗,沥干水分,切成 3~5 cm 大小,平铺在泡菜坛中,加入甘蓝质量 2~3 倍的煮沸冷却的盐水,加入一定量的植物乳杆菌 G1-28 菌悬液,水封,控温发酵。

7.3.2.3　植物乳杆菌发酵甘蓝的单因素实验

(1)食盐加量对活菌数及产品感官品质的影响

称取处理后的甘蓝 500 g,分别加入含有 0,2%,4%,6%,8%食盐的水 2 L,接种植物乳杆菌 G1-28 的菌悬液 2.0%,在 25℃发酵 7 d,测定发酵甘蓝汁中植物乳杆菌 G1-28 的活细胞数并进行感官评价。

(2)接种量对活菌数及产品感官品质的影响

称取处理后的甘蓝 500 g,加入含 4%食盐的水 2 L,分别接种植物乳杆菌 G1-28 的菌悬液 1.0%,2.0%,3.0%,4.0%,5.0%,在 25℃发酵 7 d,测定发酵甘蓝汁中植物乳杆菌 G1-28 的活细胞数并进行感官评价。

(3)发酵温度对活菌数及产品感官品质的影响

称取处理后的甘蓝 500 g,加入含 4%食盐的水 2 L,接种植物乳杆菌 G1-28 的菌悬液 2.0%,分别在 15℃、20℃、25℃、30℃ 和 35℃发酵 7 d,测定发酵甘蓝汁中植物乳杆菌 G1-28 的活细胞数并进行感官评价。

(4)发酵时间对活菌数及产品感官品质的影响

称取处理后的甘蓝 500 g,加入含 4%食盐的水 2 L,接种植物乳杆菌 G1-28 的菌悬液 2.0%,在 25℃发酵 4,6,8,10,12,14 和 16 d,测定发酵甘蓝汁中植物乳杆菌 G1-28 的活细胞数并进行感官评价。

7.3.2.4　植物乳杆菌发酵甘蓝的正交实验

以单因素确定的发酵条件为基础,进行 4 因素 3 水平的正交实验,测定发酵甘蓝汁中的活细胞数并进行感官评定。

7.3.2.5　测定方法

(1)植物乳杆菌 G1-28 活细胞数测定

取发酵甘蓝汁进行 10 倍梯度稀释,取 3 个适宜稀释度的菌悬液各 0.1 mL 涂布在 MRS 固体培养基平板表面,37℃倒置培养 24 h 后,计数植物乳杆菌 G1-28

的菌落数,乘以稀释倍数,即为植物乳杆菌 G1-28 的活细胞数。

（2）发酵甘蓝的感官评定

对发酵甘蓝的色泽、香气、滋味和质地进行感官评价,评分细则见表 7-8。

表 7-8　发酵甘蓝感官评分细则

项目	标准	评分（分）
色泽（20 分）	不正常,无光泽	1~10
	正常,无霉烂,无光泽	11~15
	正常,无霉烂,有光泽	16~20
香气（20 分）	无发酵甘蓝特有香气	1~10
	有发酵甘蓝香气	11~15
	具有浓郁的发酵甘蓝特有香气	16~20
滋味（30 分）	有苦、涩、酸败等异味	1~10
	酸味较淡	11~20
	酸甜咸适宜	21~30
质地（30 分）	菜质脆嫩度差	1~10
	有一定脆嫩度	11~20
	质地脆嫩	21~30

7.3.3　结果与分析

7.3.3.1　植物乳杆菌发酵甘蓝的单因素实验

（1）食盐添加量对活菌数及产品感官品质的影响

在发酵食品加工过程中添加一定的食盐,能起到一定的杀菌作用,还能与谷氨酸一起增加发酵食品的鲜味,并赋予发酵食品一定的咸味。在植物乳杆菌发酵甘蓝制备过程中研究了食盐加量对发酵甘蓝汁中植物乳杆菌 G1-28 的活菌数及甘蓝产品感官品质的影响,实验结果见表 7-9。

表 7-9　食盐添加量对活菌数及产品感官品质的影响

食盐添加量（%）	0	2	4	6	8
活菌数（$\times 10^8$ CFU/mL）	6.5	7.2	7.8	5.7	2.1
感官品质（分）	58	71	87	80	72

由表 7-9 可以看出,食盐添加量对发酵甘蓝汁中植物乳杆菌 G1-28 的活菌数和发酵甘蓝的感官品质有显著的影响,当食盐添加量为 0~4% 时,随着食盐添加量的增加,植物乳杆菌 G1-28 的活菌数显著提高。由于经过清洗后的甘蓝叶

面上仍携带有大量的微生物,在发酵初期会繁殖,与添加的植物乳杆菌 G1-28 有竞争关系,随着食盐添加量的增加,食盐对甘蓝表面的杂菌有一定的抑制作用,促进了植物乳杆菌 G1-28 的生长,也利于乳酸的产生及发酵风味的形成,因此发酵甘蓝的感官品质也逐渐提高。当食盐添加量大于 4% 时,随着食盐添加量的提高,植物乳杆菌 G1-28 的活细胞数和感官品质显著下降,可能是由于食盐添加量过高也抑制了植物乳杆菌 G1-28 的生长,从而影响了发酵甘蓝的感官品质,因此单因素实验确定适宜的食盐添加量为 4%。

(2)接种量对活菌数及发酵甘蓝感官品质的影响

植物乳杆菌 G1-28 接种量的大小会影响发酵过程中菌种的生长及乳酸等代谢产物的产生,进而影响发酵甘蓝的感官品质,因此实验研究了接种量对植物乳杆菌 G1-28 的活菌数及发酵甘蓝品质的影响,实验结果见表 7-10。

表 7-10　接种量对活菌数及产品感官品质的影响

接种量(%)	1	2	3	4	5
活菌数($\times 10^8$ CFU/mL)	7.3	8.0	8.1	8.2	8.2
感官品质(分)	80	88	87	82	76

由表 7-10 可以看出,植物乳杆菌 G1-28 的接种量在 1~2%,随着接种量的增大,发酵甘蓝汁中植物乳杆菌 G1-28 的活菌数显著增大,发酵甘蓝的感官品质显著提高;但当接种量大于 2% 时,发酵甘蓝汁中植物乳杆菌 G1-28 的活菌数不再显著增加,发酵甘蓝的感官品质也呈下降趋势。这可能是由于接种量过大会导致细胞过早衰老,并产生大量的代谢产物,影响发酵甘蓝的口感,因此,单因素实验确定较适宜的植物乳杆菌 G1-28 的接种量为 2%。

(3)发酵温度对活菌数及发酵甘蓝感官品质的影响

温度的高低会影响微生物的生长及代谢产物的产生,进而会影响到发酵产品的感官指标,因此实验研究了发酵温度对植物乳杆菌 G1-28 的活菌数及发酵甘蓝品质的影响,实验结果见表 7-11。

表 7-11　发酵温度对活菌数及产品感官品质的影响

发酵温度(℃)	15	20	25	30	35
活菌数($\times 10^8$ CFU/mL)	2.2	7.7	8.3	8.4	8.3
感官品质(分)	65	85	88	82	60

由表 7-11 可以看出,植物乳杆菌在 15~25℃ 发酵时,随着发酵温度的提高,

发酵甘蓝汁中的植物乳杆菌活菌数显著增大,发酵甘蓝的感官品质显著提高;但当发酵温度大于25℃时,随着发酵温度的提高,植物乳杆菌 G1-28 的活菌数不再显著提高,而发酵甘蓝的感官品质呈下降趋势。这可能是由于发酵温度高,产酸量增大,影响发酵甘蓝的口感,因此,单因素实验确定较适宜的发酵温度为25℃。

(4)发酵时间对活菌数及发酵甘蓝感官品质的影响

将微生物接种在培养基中后,微生物将经历延滞期、对数生长期、稳定期和衰亡期这些不同的生长阶段,因此发酵时间会影响微生物的活菌数和代谢产物的产量,进而影响到发酵甘蓝的感官指标,因此实验研究了发酵时间对植物乳杆菌 G1-28 活菌数及发酵甘蓝品质的影响,实验结果见表 7-12。

表 7-12 发酵时间对活菌数及产品感官品质的影响

发酵时间(d)	4	6	8	10	12	14	16
活菌数($\times10^8$ CFU/mL)	0.5	2.3	8.4	8.2	7.6	7.2	7.0
感官品质(分)	55	62	89	92	85	72	63

由表 7-12 可以看出,发酵时间在 4~8 d 时,随着发酵时间的延长,植物乳杆菌 G1-28 的活菌数不断提高,当发酵时间大于 8 d 时,随着发酵时间的延长,植物乳杆菌 G1-28 的活菌数呈下降趋势,这可能是由于发酵时间过长,菌体进入衰亡期;但发酵时间 8 d 和 10 d 的活菌数差异不显著。另外,在 4~10 d 时,随着发酵时间的延长,发酵甘蓝的感官品质不断提高,当发酵时间大于 10 d 时,发酵甘蓝的感官品质显著下降。综合考虑植物乳杆菌 G1-28 的活菌数和发酵甘蓝的感官品质,选择适宜的发酵时间为 10 d。

7.3.3.2 植物乳杆菌发酵甘蓝的正交实验

(1)正交设计及正交实验结果

以发酵甘蓝的单因素实验结果为基础,以植物乳杆菌 G1-28 的活菌数和发酵甘蓝的感官评分为主要指标,进行 4 因素 3 水平的正交实验优化发酵工艺参数,实验因素水平及实验结果分别见表 7-13 和表 7-14。

表 7-13　正交实验因素水平表

水平	A:食盐加量(%)	B:接种量(%)	C:发酵温度(℃)	D:发酵时间(d)
1	3	1.5	22	9
2	4	2.0	25	10
3	5	2.5	28	11

表 7-14　正交实验结果与分析

试验号	A	B	C	D	活菌数(×10^8 CFU/mL)	感官评分(分)
1	1	1	1	1	8.2	85.2
2	1	2	2	2	8.6	82.6
3	1	3	3	3	7.6	78.4
4	2	1	2	3	7.1	84.1
5	2	2	3	1	7.3	81.5
6	2	3	1	2	8.4	92.3
7	3	1	3	2	6.8	83.2
8	3	2	1	3	7.9	89.9
9	3	3	2	1	8.8	86.5
k_1	8.1	7.4	8.2	8.1		
k_2	7.6	7.9	8.2	7.9		
k_3	7.8	8.3	7.2	7.5		
j_1	82.1	84.2	89.1	84.4		
j_2	86.0	84.7	84.4	86.0		
j_3	86.5	85.7	81.0	84.1		
R_k	0.5	0.9	1.0	0.6		
R_j	4.4	1.5	8.1	1.9		

由表 7-14 可以看出,对发酵甘蓝中植物乳杆菌 G1-28 活菌数影响的主次顺序为发酵温度>接种量>发酵时间>食盐加量,最佳发酵工艺条件为 $A_3B_3C_2D_2$,即以植物乳杆菌 G1-28 的活菌数为指标的最佳发酵工艺条件为食盐加量 5%,接种量 2.5%,发酵温度 25℃,发酵时间 10 d。对发酵甘蓝感官品质影响的主次顺序为发酵温度>食盐加量>发酵时间>接种量,最佳发酵工艺条件为 $A_3B_3C_1D_2$,即以感官品质为指标的最佳发酵工艺条件为食盐加量 5%,接种量 2.5%,发酵温度 22℃,发酵时间 10 d。因此综合考虑植物乳杆菌 G1-28 活菌数和感官品质,选择植物乳杆菌发酵甘蓝的最佳工艺条件为食盐加量 5%,接种量 2.5%,发酵温度

24℃,发酵时间 10 d。

（2）正交实验的验证实验

在正交实验确定的植物乳杆菌 G1-28 发酵甘蓝的最佳工艺条件下进行 3 次验证实验,实验结果见表 7-15。

表 7-15　验证实验结果

实验次数	活菌数($×10^8$ CFU/mL)	感官评分（分）
1	8.9	93.6
2	9.1	91.2
3	9.3	92.9
平均值	9.1	92.6

由表 7-15 可知,在正交实验确定最佳发酵条件下,植物乳杆菌发酵甘蓝的活菌数平均值为 $9.1×10^8$ CFU/mL,感官评分为 92.6 分,均高于正交实验的 9 组实验结果。

7.3.4　小结

以植物乳杆菌活菌数和感官品质为指标,通过单因素和正交实验确定选择植物乳杆菌发酵甘蓝的最佳工艺条件为食盐加量 5%,接种量 2.5%,发酵温度 24℃,发酵时间 10 d,在此条件下植物乳杆菌活菌数平均值为 $9.1×10^8$ CFU/mL,感官评分为 92.6 分。

7.4　益生菌发酵西红柿汁工艺研究

西红柿又名番茄,是全球普遍种植的蔬菜作物之一。西红柿中含有多种维生素和矿物质,其所含的维生素 C 不易因加热而被破坏。西红柿中含有的番茄红素具有预防心血管疾病、延缓衰老、提高免疫力及防癌抗癌等功能。

研究表明乳酸菌发酵果蔬汁营养全面,通过乳酸菌的发酵作用可提高其中的西红柿汁中氨基酸及维生素等营养物质的含量,还能削弱西红柿汁的刺激性,提高口感。本研究以安徽地产西红柿为原料,以筛选的具有辅助降胆固醇降甘油三酯功能的益生菌为菌种,通过发酵作用制备益生菌发酵西红柿汁,为西红柿深加工提供有益的参考。

7.4.1　材料

7.4.1.1　菌种

植物乳杆菌 G1-28:具有体外降胆固醇和甘油三酯功能的益生菌,巢湖学院食品工程实验室保藏。

7.4.1.2　原料和试剂

西红柿:市售;

葡萄糖:山东祥瑞药业有限公司;

MRS 培养基:北京奥博星生物技术有限责任公司。

7.4.1.3　仪器与设备

JYZ-V5 PLUS 九阳智能原汁机:九阳股份有限公司;LIN YU 型手持折光仪:上海淋誉科学仪器有限公司;PX124ZH 型电子天平:奥豪斯仪器(常州)有限公司;LDZM-80KCS-Ⅲ 立式压力蒸汽灭菌器:上海申安医疗器械厂;DHG-9140A:电热恒温鼓风干燥箱:上海三发科学仪器有限公司;SW-CJ-2FD 型超净工作台:苏州净化设备有限公司;SHP-160 智能生化培养箱:上海三发科学仪器有限公司;pH-401 pH 计:上海天达仪器有限公司。

7.4.2　方法

7.4.2.1　益生菌发酵西红柿汁工艺流程

西红柿→清洗→破碎→压榨→调配→杀菌→冷却→加入菌悬液发酵→添加稳定剂后调配→成品

7.4.2.2　菌悬液的制备

将植物乳杆菌 G1-28 甘油管从冰箱中取出,室温融化,按照 2% 的接种量接种到装有 50 mL MRS 液体培养基的三角瓶中,30℃恒温箱静置培养 14~16 h,无菌水离心洗涤,并用无菌水调至适宜浓度制备成菌种悬浮液备用。

7.4.2.3　西红柿汁的制备

挑选成熟、无腐烂的新鲜西红柿,用自来水清洗干净,沥干多余水分,采用榨汁机进行破碎和压榨,加入适量葡萄糖搅拌均匀,85~90℃杀菌 20 min,冷却到 40℃以下备用。

7.4.2.4　益生菌发酵西红柿汁的单因素实验

(1)葡萄糖加量对益生菌发酵西红柿汁的影响

在制备的西红柿汁中添加 2%、4%、6%、8% 和 10% 的葡萄糖,接种植物乳杆菌 G1-28 菌悬液 1%,在 30℃发酵 20 h,添加稳定剂(海藻酸钠 0.05%、黄原胶 0.15%、羧甲基纤维素钠 0.15%),测定发酵西红柿汁中植物乳杆菌 G1-28 的活菌数并进行感官评价。

(2)接种量对益生菌发酵西红柿汁的影响

在制备的西红柿汁中添加 6% 的葡萄糖,分别接种植物乳杆菌菌悬液 1%、2%、3%、4% 和 5%,在 30℃发酵 20 h,添加稳定剂,测定发酵西红柿汁中植物乳杆菌 G1-28 的活菌数并进行感官评价。

(3)发酵温度对益生菌发酵西红柿汁的影响

在制备的西红柿汁中添加 6% 的葡萄糖,接种植物乳杆菌菌悬液 1%,分别在 20℃、24℃、28℃、32℃、36℃和 40℃发酵 20 h,添加稳定剂,测定发酵西红柿汁中植物乳杆菌 G1-28 的活菌数并进行感官评价。

(4)发酵时间对益生菌发酵西红柿汁的影响

在制备的西红柿汁中添加 6% 的葡萄糖,接种植物乳杆菌菌悬液 1%，在 32℃分别发酵 12 h、16 h、20 h、24 h、28 h 和 32 h,添加稳定剂,测定发酵西红柿汁中植物乳杆菌 G1-28 的活菌数并进行感官评价。

7.4.2.5　植物乳杆菌发酵西红柿汁的正交试验

在植物乳杆菌发酵西红柿汁的单因素实验的基础上,以发酵西红柿汁中的活菌数和感官评分为指标进行 4 因素 3 水平的正交实验。在正交实验确定的工艺条件下进行西红柿汁的发酵实验,添加稳定剂,测定发酵西红柿汁中植物乳杆菌 G1-28 的活菌数并进行感官评价。

7.4.2.6　植物乳杆菌 G1-28 活菌数的测定

取发酵西红柿汁 1 mL 进行系列 10 倍梯度稀释,取 3 个适宜稀释度的发酵西红柿汁各 0.1 mL 涂布 MRS 固体平板表面,37℃倒置培养 24 h,计数植物乳杆菌 G1-28 的菌落数,再乘稀释倍数即为植物乳杆菌 G1-28 的的活菌数。

7.4.2.7　发酵西红柿汁的感官评价

从发酵西红柿汁的色泽、气味、滋味和组织状态 4 个方面进行产品感官评价,具体评分细则见表 7-16。

表 7-16　发酵西红柿汁的感官评分表

项目	标准	评分(分)
色泽(20 分)	颜色暗红或褐色,无光泽	1~10
	少量变色,有光泽	11~15
	红色,有光泽	16~20
气味(30 分)	无西红柿特有香气,有异杂味	1~10
	西红柿香气较淡,发酵香气不足	11~20
	具有西红柿特有香气,发酵风味浓郁	21~30
滋味(30 分)	滋味不协调,有异味	1~10
	西红柿特有滋味不足,滋味不协调	11~20
	具有西红柿特有滋味,口感协调	21~30
组织状态(20 分)	质地不均匀	1~10
	质地较均匀	11~15
	组织状态均匀	16~20

7.4.3　结果与分析

7.4.3.1　植物乳杆菌发酵西红柿汁的单因素实验

(1)葡萄糖加量对发酵西红柿汁的影响

西红柿汁中的含糖量较低,为了促进植物乳杆菌的生长及乳酸发酵作用,实验研究了葡萄糖添加量对发酵西红柿汁中植物乳杆菌 G1-28 的活菌数及产品感官品质的影响,实验结果见表 7-17。

表 7-17　葡萄糖添加量对西红柿汁活菌数及感官品质的影响

葡萄糖添加量(%)	0	2	4	6	8	10
活菌数(×10^9 CFU/mL)	0.3	1.6	2.8	3.2	2.3	1.9
感官品质(分)	62	71	74	82	78	74

由表 7-17 可以看出,当葡萄糖添加量为 0~6%时,随着葡萄糖添加量的增加,植物乳杆菌 G1-28 的活菌数及发酵西红柿汁的感官品质呈现增加的趋势。这说明一定浓度的葡萄糖不仅促进了植物乳杆菌 G1-28 的的生长,也利于乳酸

的产生及发酵风味的形成,因此其感官品质也逐渐提高。但当葡萄糖添加量大于6%时,随着葡萄糖添加量的提高,植物乳杆菌G1-28的活菌数和感官品质呈现下降的趋势,可能是由于葡萄糖添加量过高抑制了植物乳杆菌的生长,从而影响了发酵西红柿汁的感官品质,因此单因素实验确定植物乳杆菌G1-28发酵西红柿汁的适宜葡萄糖添加量为6%。

(2)接种量对发酵西红柿汁的影响

在西红柿汁中植物乳杆菌G1-28接种量的多少会影响植物乳杆菌的生长及发酵产品中乳酸等代谢产物的产生,因此实验研究了接种量对发酵西红柿汁中植物乳杆菌G1-28的活菌数及产品感官品质的影响,实验结果见表7-18。

表7-18 接种量对西红柿汁活菌数及感官品质的影响

接种量(%)	1	2	3	4	5
活菌数(×10⁹ CFU/mL)	1.5	3.4	3.1	2.8	2.2
感官品质(分)	74	79	83	80	72

由表7-18可以看出,植物乳杆菌的接种量在1~2%时,随着植物乳杆菌G1-28接种量的增大,西红柿汁中植物乳杆菌G1-28的活菌数和产品的感官品质均显著提高;但当接种量大于2%时,西红柿汁中植物乳杆菌G1-28的活菌数和产品的感官品质呈下降趋势。因此,单因素实验确定较适宜的植物乳杆菌G1-28的接种量为2%。

(3)发酵温度对发酵西红柿汁的影响

发酵温度的高低会影响西红柿汁中植物乳杆菌的生长及乳酸等代谢产物的产生,进而会影响到发酵西红柿汁产品的感官品质,因此实验研究了发酵温度对西红柿汁中植物乳杆菌G1-28的活菌数及发酵西红柿汁感官品质的影响,实验结果见表7-19。

表7-19 发酵温度对西红柿汁活菌数及产品感官品质的影响

发酵温度(℃)	20	24	28	32	36	40
活菌数(×10⁹ CFU/mL)	0.4	1.9	3.3	3.5	2.9	1.3
感官品质(分)	63	78	84	80	73	60

由表7-19可以看出,当发酵温度在20~28℃时,随着温度的提高,西红柿汁中的植物乳杆菌G1-28的活菌数和发酵西红柿汁产品的感官品质均显著提高;但当发酵温度大于28℃时,随着发酵温度的提高,植物乳杆菌G1-28的活菌数

不再显著提高,而发酵西红柿汁感官品质显著下降。因此,单因素实验确定发酵西红柿汁的发酵温度为 28℃。

(4) 发酵时间对发酵西红柿汁的影响

将植物乳杆菌 G1-28 的接种到西红柿汁中后,植物乳杆菌将经过延滞期、对数生长期、稳定期等生长阶段,从而影响植物乳杆菌的活菌数和乳酸等代谢产物的产生,并最终影响到发酵西红柿汁的益生性能和感官品质,因此实验研究了发酵时间对发酵西红柿汁中植物乳杆菌 G1-28 的活菌数及产品感官品质的影响,实验结果见表 7-20。

表 7-20　发酵时间对西红柿汁活菌数及产品感官品质的影响

发酵时间(h)	12	16	20	24	28	32
活菌数(×10⁹ CFU/mL)	0.8	2.5	3.3	3.2	2.8	2.6
感官品质(分)	55	73	81	85	81	72

由表 7-20 可以看出,发酵时间在 12~20 h 时,随着发酵时间的延长,植物乳杆菌 G1-28 的活菌数不断提高,当发酵时间大于 20 h 时,随着发酵时间的延长,植物乳杆菌 G1-28 的活菌数呈下降趋势,这可能是由于发酵时间过长,菌体进入衰亡期;但发酵 20 h 和 24 h 时植物乳杆菌 G1-28 的活菌数差异不显著。另外,在发酵时间 12~24 h 时,随着发酵时间的延长,发酵西红柿汁的感官品质不断提高,当发酵时间大于 24 h 时,发酵西红柿汁的感官品质呈下降趋势。因此综合考虑植物乳杆菌 G1-28 的活菌数和发酵西红柿汁的感官品质,选择适宜的发酵时间为 24 h。

7.4.3.2　植物乳杆菌发酵西红柿汁的正交实验

(1) 正交设计及正交实验结果

以植物乳杆菌 G1-28 的发酵西红柿汁的单因素实验结果为基础,以植物乳杆菌 G1-28 的活菌数和发酵西红柿汁的感官品质为主要指标,进行 4 因素 3 水平的正交实验优化西红柿汁的发酵工艺参数,实验因素水平及实验结果分别见表 7-21 和表 7-22。

表 7-21　正交实验因素水平表

水平	A:葡萄糖加量(%)	B:接种量(%)	C:发酵温度(℃)	D:发酵时间(h)
1	5	1.5	24	20
2	6	2.0	28	24

续表

水平	A:葡萄糖加量(%)	B:接种量(%)	C:发酵温度(℃)	D:发酵时间(h)
3	7	2.5	32	28

表7-22　正交实验结果与分析

试验号	A	B	C	D	活菌数(×10⁹ CFU/mL)	感官评分(分)
1	1	1	1	1	1.9	74.3
2	1	2	2	2	2.3	77.4
3	1	3	3	3	2.7	82.7
4	2	1	2	3	3.6	87.5
5	2	2	3	1	2.6	84.1
6	2	3	1	2	3.1	79.6
7	3	1	3	2	2.8	80.8
8	3	2	1	3	2.4	81.2
9	3	3	2	1	3.3	83.9
k_1	2.30	2.76	2.47	2.60		
k_2	3.10	2.43	3.07	2.73		
k_3	2.83	3.03	2.70	2.90		
j_1	78.1	80.9	78.4	80.8		
j_2	83.7	80.9	82.9	79.3		
j_3	82.0	82.1	82.5	83.8		
R_k	0.8	0.6	0.6	0.3		
R_j	5.6	1.2	4.5	4.5		

由表7-22可以看出,对发酵西红柿汁中植物乳杆菌G1-28活菌数影响的各因素的主次顺序为葡萄糖加量>发酵温度=接种量>发酵时间,最佳发酵工艺条件为$A_3B_3C_2D_3$,即以植物乳杆菌G1-28活菌数为指标的最佳发酵工艺条件为葡萄糖加量7%,接种量2.5%,发酵温度28℃,发酵时间28 h。以感官品质为指标,各因素影响的主次顺序为葡萄糖加量>发酵温度=发酵时间>接种量,最佳发酵工艺条件为$A_2B_3C_2D_3$,即以感官品质为指标的西红柿汁最佳发酵工艺条件为葡萄糖加量6%,接种量2.5%,发酵温度28℃,发酵时间28 h。因此综合考虑植物乳杆菌活菌数和感官品质,选择植物乳杆菌发酵西红柿汁的最佳工艺条件为葡萄糖加量6.5%,接种量2.5%,发酵温度28℃,发酵时间28 h。

（2）正交实验的验证实验

在正交实验确定的植物乳杆菌发酵西红柿汁的最佳工艺条件下进行 3 次验证实验,实验结果见表 7-23。

表 7-23　验证实验结果

实验次数	活菌数($\times 10^9$ CFU/mL)	感官评分(分)
1	3.8	88.5
2	3.6	91.7
3	4.1	89.2
平均值	3.83	89.8

由表 7-23 可知,在正交实验确定西红柿汁最佳发酵条件下,植物乳杆菌发酵西红柿汁的活菌数平均值为 3.83×10^9 CFU/mL,感官评分为 89.8 分,均高于正交实验的 9 组实验结果。

7.4.4　小结

以植物乳杆菌 G1-28 的活菌数和感官品质为指标,通过单因素和正交实验确定选择发酵西红柿汁的最佳工艺条件为葡萄糖加量 6.5%,接种量 2.5%,发酵温度 28℃,发酵时间 28 h,在此条件下植物乳杆菌 G1-28 的活菌数平均值为 3.83×10^9 CFU/mL,感官评分为 89.8 分。

7.5　益生菌发酵豆乳工艺优化

7.5.1　材料

7.5.1.1　菌株

植物乳杆菌 G1-28:具有体外降胆固醇和甘油三酯功能的益生菌,巢湖学院食品工程实验室保藏。

7.5.1.2　实验原料及试剂

黄豆、蔗糖均为市售。

碳酸氢钠、MRS 培养基:北京奥博星生物技术有限责任公司。

7.5.1.3　主要仪器与设备

LDZM-80KCS-Ⅲ 立式压力蒸汽灭菌器:上海申安医疗器械厂;DHG-9140A 电热恒温鼓风干燥箱:上海三发科学仪器有限公司;SW-CJ-2FD 型超净工作台:苏州净化设备有限公司;DJ12B-P17E 苏泊尔豆浆机:浙江苏泊尔股份有限公司;SHP-160 智能生化培养箱:上海三发科学仪器有限公司。

7.5.2　实验方法

7.5.2.1　豆乳的制备

挑选颗粒饱满,完整无霉变的新鲜黄豆,用自来水清洗干净;在电热恒温鼓风干燥箱内100℃处理10 min,用含0.25%碳酸氢钠的蒸馏水浸泡至豆粒充分吸水膨胀且无硬心,用85~90℃浸泡20 min;加入6~8倍的水进行磨浆,用120目筛网过滤,滤液加入蔗糖调配,110℃下灭菌15~20 min。

7.5.2.2　豆乳发酵

将-20℃保藏的植物乳杆菌G1-28甘油管室温融化,取1mL菌悬液接种到50 mL MRS液体培养基中,30℃静置培养14~16 h,用无菌蒸馏水离心洗涤2次,并用无菌蒸馏水调至适宜浓度。按照比例接入灭菌后的豆乳中进行发酵。

7.5.2.3　豆乳发酵工艺的单因素实验

(1)接种量对豆乳发酵的影响

在制备的豆乳中添加5%的蔗糖,110℃灭菌15 min,冷却至40℃以下,分别接种1%、2%、3%、4%、5%的植物乳杆菌G1-28培养液,37℃条件下发酵10 h,每隔0.5 h观察凝乳状态,记录凝乳时间,并进行总酸度的测定及感官评价。

(2)蔗糖添加量对豆乳发酵的影响

在制备的豆乳中分别加入0、2%、4%、6%、8%的蔗糖,110℃灭菌15 min,冷却至40℃以下,按3%的接种量接种植物乳杆菌G1-28培养液,37℃条件下发酵10 h,每隔0.5 h观察凝乳状态,记录凝乳时间,并进行总酸度的测定及感官评价。

(3)发酵温度对豆乳发酵的影响

在制备的豆乳中添加5%的蔗糖,110℃灭菌15 min,冷却至40℃以下,按3%

的接种量接种植物乳杆菌 G1-28 培养液,分别在 28℃、32℃、36℃、40℃、44℃条件下发酵 10 h,每隔 0.5 h 观察凝乳状态,记录凝乳时间,并进行总酸度的测定及感官评价。

(4)发酵时间对豆乳发酵的影响

在制备的豆乳中添加 5% 的蔗糖,110℃灭菌 15 min,冷却至 40℃以下,按 3% 的接种量接种植物乳杆菌 G1-28 培养液,在 37℃条件下发酵,分别在 4 h、5 h、6 h、7 h、8 h 观察凝乳状态,记录凝乳时间,并进行总酸度的测定及感官评价。

7.5.2.4　豆奶发酵的正交试验

在上述单因素实验的基础上,采用 4 因素 3 水平的正交试验,对豆乳发酵工艺进行优化。

7.5.2.5　感官鉴定评分原则

采用百分制评分标准对发酵豆乳的色泽、滋味和气味、组织状态进行感官质量评定,感官评分细则见表 7-24。

表 7-24　感官评分细则

感官	评价及分值			
色泽 (20 分)	黄色、不均匀 (0~5)	黄色、均匀 (6~10)	浅黄色、不均匀 (11~15)	乳黄色、均匀 (16~20)
滋味和气味 (40 分)	酸度过低或过高、豆腥味浓,酸涩,无发酵香味(0~10)	少许豆腥味,有酸味、涩味和发酵香味 (11~20)	有豆香味,酸味较好、无涩味、有发酵香味 (21~30)	浓豆香味和发酵香味,口感柔和、细腻 (31~40)
组织状态 (40 分)	粗糙、大量结块、气泡、乳清析出 (0~10)	粗糙、少量结块、气泡、乳清析出 (11~20)	组织细腻、有少量乳清 (21~30)	组织细腻、均匀无乳清析出 (31~40)

7.5.2.6　产品指标检测

酸度:按照 GB 5009.239—2016 食品安全国家标准 食品酸度测定中的 pH 计法进行测定。

乳酸菌数:按照 GB 4789.35—2016 规定的方法测定。

7.5.2.7　统计分析

采用 SAS System 9.2 统计分析软件对实验结果进行方差分析。

7.5.3　结果与分析

7.5.3.1　植物乳杆菌 G1-28 发酵豆乳的单因素实验

（1）接种量对豆乳发酵的影响

接种量是影响微生物生长及代谢产物产量的重要因素,植物乳杆菌的接种量会影响发酵豆乳中益生菌的数量及产酸量,进而会影响发酵豆乳感官品质,因此实验研究了植物乳杆菌 G1-28 的接种量对发酵豆奶品质的影响,实验结果见表 7-25。

表 7-25　接种量对豆乳发酵的影响

接种量(%)	1	2	3	4	5
凝乳时间(h)	7.5	7.0	6.0	6.0	6.0
酸度(°T)	54.3	58.2	71.7	72.3	72.6
感官评分	72.6	79.3	83.3	82.2	81.8

由表 7-25 可以看出,当植物乳杆菌 G1-28 的接种量在 1~3% 时,随着接种量的增加,发酵豆乳的凝乳时间显著缩短,当接种量大于 3%,凝乳时间不再缩短。当植物乳杆菌 G1-28 的接种量在 1~3% 时,随着接种量的增加,酸度和感官质量显著提高,当接种量为 3% 时,酸度达到 71.7°T,符合国家标准,感官评分为 83.3,继续提高植物乳杆菌 G1-28 的接种量,发酵豆乳的酸度不再显著提高,感官质量有所下降。因此,植物乳杆菌 G1-28 发酵豆乳的适宜接种量为 3%。在此条件下,发酵豆乳口感较好,色泽为淡黄色均匀,有发酵豆乳的特殊气味。

（2）蔗糖添加量对豆乳发酵的影响

植物乳杆菌可以利用蔗糖、葡萄糖、乳糖等可发酵性糖发酵产生乳酸等有机酸,由于蔗糖来源广泛,价格相对较低,因此在目前的酸奶发酵中广泛使用。为了研究植物乳杆菌 G1-28 对蔗糖的利用情况,实验考察了蔗糖添加量对豆乳发酵的影响,实验结果见表 7-26。

表 7-26　蔗糖添加量对豆乳发酵的影响

蔗糖添加量(%)	0	2	4	6	8
凝乳时间(h)	8.5	7.5	6.0	6.0	7.0
酸度(°T)	53.8	64.7	72.3	72.9	68.4

续表

蔗糖添加量(%)	0	2	4	6	8
感官评分	67.5	78.4	84.3	84.7	76.1

由表 7-26 可以看出,当蔗糖添加量在 0~4% 时,随着蔗糖添加量的增加,发酵豆乳的凝乳时间显著缩短,当蔗糖添加量大于 4% 时,发酵凝乳时间不再缩短,当蔗糖添加量为 8% 时,则凝乳时间开始延长,不利于豆乳发酵。当蔗糖添加量在 0~4% 时,发酵豆乳的酸度和感官评分随着蔗糖添加量的增加而逐渐提高;而当蔗糖添加量大于 4% 时,发酵豆乳的酸度和感官评分不再提高。因此,初步确定蔗糖适宜添加量为 4%。在此条件下,发酵豆乳的口感嫩滑,有较浓的豆香味和乳酸发酵的风味。

(3)发酵温度对豆乳发酵的影响

温度的高低会影响植物乳杆菌菌体的生长及乳酸等代谢产物的产生,因此实验研究了发酵温度对豆乳发酵的影响,实验结果见表 7-27。

表 7-27　发酵温度对豆乳发酵的影响

发酵温度(℃)	28	32	36	40	44
凝乳时间(h)	9.5	8	6	7.5	9
酸度(°T)	50.1	62.3	71.8	70.2	68.7
感官评分	72.5	78.2	85.7	83.6	79.4

由表 7-27 可以看出,利用植物乳杆菌 G1-28 发酵豆乳的过程中,当发酵温度为 28~36℃ 时,随着发酵温度的提高,凝乳时间缩短,酸度和感官评分提高。当发酵温度为 36℃ 时,发酵豆乳的酸度达到 71.8°T,达到国家质量标准的要求(>70°T),感官评分最高为 85.7 分。当发酵温度大于 36℃ 时,凝乳时间随发酵温度的升高而延长,酸度及感官质量下降。因此,选择适宜的发酵温度为 36℃。在此条件下发酵豆乳无大量乳清析出,色泽浅黄均匀,具有较浓的发酵香味。

(4)发酵时间对豆乳发酵的影响

微生物在不同的发酵时间处于不同生长阶段,影响微生物活菌数量及代谢产物的产量。因此实验研究了发酵时间对豆乳发酵的影响,实验结果见表 7-28。

表 7-28　发酵时间对豆乳发酵的影响

发酵时间(h)	4	5	6	7	8
凝乳状态	部分凝乳	大部分凝乳	全部凝乳	全部凝乳	全部凝乳
酸度(°T)	43.0	54.6	68.6	73.1	74.8
感官评分	66.8	75.4	84.4	86.2	82.3

由表 7-28 可以看出,发酵时间在 4~8 h 时,随着发酵时间的延长,发酵豆乳的酸度逐渐提高,在 7 h 时产品酸度为 73.1°T,达到发酵乳国家标准,且发酵豆乳的感官评分最高,此时产品完全凝乳,色泽淡黄均匀,质地细腻,有浓郁的豆香和发酵香味。因此,选择豆乳的发酵时间为 7 h。

7.5.3.2　植物乳杆菌发酵豆乳的正交实验

（1）正交实验设计及实验结果

根据单因素实验的结果,以感官评分为主要指标,采用 4 因素 3 水平的正交实验进行植物乳杆菌 G1-28 发酵豆乳发酵工艺的优化,实验因素水平及实验结果分别见表 7-29 和表 7-30。

表 7-29　正交实验因素水平表

水平	A:接种量(%)	B:蔗糖添加量(%)	C:发酵温度(℃)	D:发酵时间(h)
1	2	3	32	6
2	3	4	36	7
3	4	5	40	8

表 7-30　正交实验结果与分析

试验号	A	B	C	D	感官评分(分)
1	1	1	1	1	70.3
2	1	2	2	2	81.2
3	1	3	3	3	79.5
4	2	1	2	3	83.7
5	2	2	3	1	74.6
6	2	3	1	2	82.8
7	3	1	3	2	76.4
8	3	2	1	3	85.3
9	3	3	2	1	88.3

试验号	A	B	C	D	感官评分(分)
k_1	77.0	76.8	79.5	77.7	
k_2	80.4	80.4	84.4	80.1	
k_3	83.3	83.5	76.8	82.8	
R_j	6.3	6.7	7.6	5.1	

　　由表 7-30 可知,影响植物乳杆菌 G1-28 发酵豆乳产品品质的各因素影响的主次顺序为发酵温度>蔗糖添加量>接种量>发酵时间,最佳发酵工艺条件组合为 $A_3B_3C_2D_3$,即最佳接种量 4.0%,蔗糖添加量 5%,发酵温度 36℃,发酵时间 8 h。此发酵豆乳的发酵工艺条件不在正交实验的 9 组组合中,因此需要进行正交实验的验证试验。

　　(2)正交实验的验证实验

　　在正交实验确定的豆乳发酵的最佳工艺条件下进行 3 次验证实验,实验结果见表 7-31。

表 7-31　验证实验结果

实验次数	感官评分(分)	酸度(°T)
1	90.3	73.2
2	88.4	71.8
3	89.7	72.1
平均值	89.5	72.4

　　由表 7-31 可知,在最佳发酵条件下,植物乳杆菌发酵豆奶的感官评价分数的平均值 89.5,酸度平均值为 72.4°T。感官评分高于正交实验的 9 组实验结果,酸度符合发酵乳国家标准。

7.5.4　产品品质分析

　　以植物乳杆菌 G1-28 为菌种,在最佳发酵工艺条件下制作发酵豆乳产品,产品的感官指标、理化指标及微生物指标分别见表 7-32 和表 7-33。

表 7-32　发酵豆乳产品的感官指标

感官	指标
色泽	乳黄色或乳白色,均匀

续表

感官	指标
滋味和气味	豆香浓郁、有发酵香味及发酵乳特有的滋味、口感细腻嫩滑
组织状态	组织均匀,无结块、气泡和明显乳清

由表 7-32 可知,在最佳豆乳发酵工艺条件下,研制发酵豆乳的感官指标均符合发酵乳的食品安全国家标准,发酵豆乳产品色泽均匀,具有豆乳特有香味及发酵滋味和气味,组织状态均匀无结块和乳清析出。

表 7-33   发酵豆乳的理化指标及微生物指标

项目	测定结果
酸度($^{\circ}$T)	72.4
乳酸菌数(CFU/g)	5.21×10^8

由表 7-33 可知,在最佳豆乳发酵工艺条件下,所研制的发酵豆乳的酸度为 72.4°T,符合发酵乳的国家标准,即酸度$\geqslant$70.0 $^{\circ}$T,乳酸菌数为 5.21×10^8 CFU/g,符合发酵乳的国家标准(乳酸菌数$\geqslant 1 \times 10^6$ CFU/g)。

7.5.5   小结

通过单因素及响应面优化法确定了以植物乳杆菌 G1-28 为菌种的发酵豆乳最佳发酵工艺条件为接种量 4.0%,蔗糖添加量 5%,在 36℃发酵 8 h。

研制的发酵豆乳色泽均匀,有豆乳及发酵乳特有的香味和滋味,口感细腻,无大量乳清析出,酸度及乳酸菌数符合发酵乳的国家标准。

参考文献

［1］Lilly DM, Stillwell RH. Probiotics：Growth－Promoting Factors Produced by Microorganisms［J］. Science, 1965, 147：747-748.

［2］Fuller R. Probiotics in man and animals［J］. Journal of Applied Bacteriology, 1989, 66：365-378.

［3］Mann GV, Spoerry A. Studies of a surfactant and cholesteremia in the Maasai［J］. The American journal of clinical nutrition, 1974, 27(4)：64-69.

［4］安兴娟, 张瑶, 姬阿美, 等. 植物乳杆菌发酵枸杞胡萝卜汁工艺的优化［J］. 天津科技大学学报, 2016, 31(3)：20-24.

［5］李维妮, 张宇翔, 魏建平, 等. 益生菌发酵苹果汁工艺优化及有机酸的变化［J］. 食品科学, 2017, 38(22)：80-87.

［6］刘磊, 赖婷, 汪浩, 等. 浑浊型龙眼果肉乳酸菌发酵饮料加工工艺优化［J］. 食品科学技术学报, 2016, 34(6)：60-64.

［7］牛墨, 孟祥晨. 复合发酵苹果山药果蔬汁优良乳酸菌菌株的筛选［J］.食品工业科技, 2012, 33(14)：242-246.

［8］郑欣, 余元善, 吴继军, 等. 荔枝汁经乳酸菌发酵后营养品质的变化及贮藏稳定性研究［J］. 现代食品科技, 2013, 29(12)：2909-2914.

［9］Brashears M, Gilliland SE, Buck LM. Bile salt deconjugation and cholesterol removal from media by Lactobacillus casei［J］. Journal of Dairy Science, 2009, 81(1)：2103-2110.

［10］Han-Nah Kim. Reduction in cholesterol absorption in Caco-2 cells through the down-regulation of Niemann-Pick C1-like 1 by the putative probiotic strains Lactobacillus rhamnosus BFE5264 and Lactobacillus plantarum NR74 from fermented food［J］. In vitro and animal studies, 2013, 64(1)：44-52.

［11］Nguyen TDT, Kang JH, Lee MS. Characterization of Lactobacillus plantarum PH04, a potential probiotic bacterium with cholesterol-lowering effects［J］. International journal of food microbiology, 2007, 113(3)：358-361.

[12] Pan DD, Zeng XQ, Yan YT. Characterisation of Lactobacillus fermentum SM-7 isolated from koumiss, a potential probiotic bacterium with cholesterol-lowering effects[J]. Journal of the Science of Food and Agriculture, 2011, 91(3): 512-518.

[13] Rajkumar H, Mahmood N, Kumar M, et al. Effect of Probiotic (VSL#3) and Omega-3 on Lipid Profile, Insulin Sensitivity, Inflammatory Markers, and Gut Colonization in Overweight Adults: A Randomized, Controlled Trial [J]. Mediators of inflammation, 2014, 1-8.

[14] Shaper AG, Jones KW, Jones M, et al. Serum lipids in three nomadic tribes of northern Kenya[J]. The American Society for Clinical Nutrition. 1963, 13(3): 135-146.

[15] Zeng XQ, Pan DD, Zhou PD. Functional characteristics of Lactobacillus fermentum F1[J]. Current microbiology, 2011, 62(1): 27-31.

[16] 崔莉, 李大婧, 刘春泉, 等. 黄秋葵汁乳酸菌混菌发酵条件优化[J]. 食品科学, 2015, 36(23): 205-208.

[17] 丁苗, 刘洋, 葛平珍, 等. 发酵酸肉中降胆固醇乳酸菌的筛选、鉴定及降胆固醇作用[J]. 食品科学, 2014, 35(19): 203-207.

[18] 刘长建, 姜波, 安晓雯, 等. 菠菜中降胆固醇乳酸菌的筛选及鉴定[J]. 食品与生物技术学报, 2010, 29(6): 937-940.

[19] 陆佳佳, 尹军霞, 林德荣. 老虎肠道乳杆菌的降血脂研究[J]. 黑龙江畜牧兽医, 2013, (15): 133-134, 139.

[20] 李华. 葡萄酒化学[M]. 北京: 科学出版社, 2006: 90-108.

[21] HYSON DD, HALLMAN S, DAVIS PA, GERSHWIN ME. Apple juice consumption reduces plasma low-density lipoprotein oxidation in healthy men and women[J]. Journal of Medicinal Food, 2000, 3(4): 159-166.

[22] LEE DK, JANG S, BAEK EH, et al. Lactic acid bacteria affect serum cholesterol levels, harmful fecal enzyme activity, and fecal water content[J]. Lipids in Health and Disease, 2009, 21(8): 1-8.

[23] 弓耀忠, 王呈. 一种新型乳酸菌复合发酵剂的应用及效果[J]. 食品与发酵工业, 2014, 40(4): 87-90.

[24] 牛春华, 苗欣宇, 牛红红, 等. 复合真空冷冻干燥益生菌发酵保护剂的研制[J]. 轻工科技, 2019, 35(12): 20-23, 63.

[25] SETHI S, TYAGI SK, ANURAG RK. Plant－based milk alternatives an emerging segment of functional beverages: a review[J]. Journal of Food Science and Technology, 2016, 53(9): 3408-3423.

[26] 刘春燕，戴明福，夏姣，等. 不同乳酸菌接种发酵泡菜风味的研究[J]. 食品工业科技，2015，36(7)：154-158. DOI：10. 13386/j. issn1002-0306. 2015. 07. 024.

[27] 蒋利亚，潘波. 传统乳制品中降胆固醇作用乳酸菌的分离研究[J].吉林农业(学术版)，2011(6)：97,99.

[28] 王丽，陶志强，马雁，等. 降血脂乳酸菌的筛选及发酵工艺的优化[J]. 安徽农学通报，2019，25(11)：23-26,61.

[29] 袁雪林. 乳酸菌胞外多糖高产菌株的筛选及其直投式发酵剂关键技术的研究[D]. 乌鲁木齐：新疆大学，2015.

[30] DIMITROVSKI D, VELICKOVA E, LANGERHOLC T, et al. Apple juice as a medium for fermentation by the probiotic *Lactobacillus plantarum* PCS 26 strain [J]. Annals of Microbiology, 2015, 65(12): 2161-2170.

[31] MOUSAVI ZE, MOUSAVI SM, RAZAVI ZSH, et al. Fermentation of pomegranate juice by probiotic lactic acid bacteria [J]. World Journal of Microbiology and Biotechnology, 2011, 27(1): 123-128.

[32] NAKAMURA K, OKITSU S, ISHIDA R. Identification of natural lactoylcholine in lactic acid bacteria-fermented food[J]. Food Chemistry, 2016, 201: 185-189. DOI:10. 1016/j. foodchem. 2016. 01. 055.

[33] 李丽微，谷新晰，卢海强，等. 发酵山药酸奶益生乳酸菌菌株的筛选[J]. 中国食品学报，2015，15(11)：78-82. DOI:10. 16429/j. 1009-7848. 2015. 11. 012.

[34] 尹军霞，沈国娟，沈蓉，等.酸菜汁中降胆固醇乳酸菌的分离鉴定[J].中国食品学报，2008，8(2)：47-51.

[35] Carvalho AS, Silva J, Peter HO, et al. Effects of various sugars added to growth and drying media upon thermotolerance and survival throughout storage of freeze-dried *Lactobacillus delbrueckii* ssp. *bulgaricus* [J]. Biotechnology Progress, 2004, 20(1): 248-254.

[36] 陆利霞，王晓飞，熊晓辉，等. 乳酸菌发酵剂制备白萝卜泡菜的研究[J]. 中国调味品，2007(3)：30-33.

[37] 朱孔亮，吴丹，吴敬. 泡菜发酵专用短乳杆菌的高密度培养[J]. 食品与生物技术学报，2015，34(8)：828-834.

[38] Di Cagno R, Coda R, De Angelis M, et al. Exploitation of vegetables and fruits through lactic acid fermentation[J]. Food Microbiology, 2013, 33(1):1-10.

[39] 汪晓辉，于平，励建荣. 泡菜传统腊肠中降胆固醇乳酸菌的筛选及鉴定[J]. 微生物学报，2009，(11)：1438-1444.

[40] DONG Z, GU L, ZHANG J, et al. Optimisation for high cell density cultivation of Lactobacillus salivarius BBE 09-18 with response surface methodology[J]. International Dairy Journal, 2014, 34(2)：230-236. DOI:10.1016/j.idairyj. 2013.07.015.

[41] 闫颖娟，卢俭，周剑忠，等. 基于响应曲面法的微囊化保加利亚乳杆菌高密度培养条件优化[J]. 食品科学，2014，35(17)：153-159.

[42] 田文静，孙玉清，刘小飞. 益生菌微胶囊技术及其在食品中的应用研究进展[J]. 食品工业科技，2019，40(16)：354-362.

[43] Ashwani K, Dinesh K. Development of antioxidant rich fruit supplemented probiotic yogurts using free and microencapsulated Lactobacillus rhamnosus culture[J]. Journal of Food Science and Technology, 2016, 53(1)：667-675.

[44] Yoon KY, Woodams EE, Hang YD. Production of probiotics cabbage juice by lactic acid bacteria[J]. Bioresource Technology, 2006, 97(12)：1427-1430.

[45] KUMAR N, TOMAR SK, THAKUR K, et al. The ameliorative effects of probiotic Lactobacillus fermentum, strain RS-2 on alloxan induced diabetic rats [J]. Journal of Functional Foods, 2017, 28：275-284. DOI:10.1016/j.jff. 2016.11.027.

[46] VAGHEF-MEHRABANY E, VAGHEF-MEHRABANY L, ASGHARI-JAFARABADI M, et al. Effects of probiotic supplementation on lipid profile of women with rheumatoid arthritis: a randomized placebo-controlled clinical trial [J]. Health Promotion Perspectives, 2017, 7(2)：95-101. DOI:10.15171/ hpp.2017.17. eCollection2017.

[47] 赵蓓，李锋. 发酵型复合果蔬乳饮料的制备工艺研究[J]. 食品安全导刊，2015(6)：131-134.

[48] 刘元东，袁乐，余润兰. 微生物高密度培养的研究概况[J]. 有色金属科学与工程，2016(4)：11-14.

[49] 中华人民共和国国家卫生和计划委员会. GB 5009.239—2016 食品安全国家标准 食品酸度的测定[S]. 北京: 中国标准出版社, 2016.

[50] 谢明勇, 熊涛, 关倩倩. 益生菌发酵果蔬关键技术研究进展[J]. 中国食品学报, 2014, 14(10): 1-9.

[51] GAO Y, LI D. Screening of lactic acid bacteria with cholesterol-lowering and triglyceride-lowering activity in vitro and evaluation of probiotic function[J]. Annals of Microbiology, 2018, 68(5): 537-545.

[52] 国家食品药品监督管理总局. GB 4789.35—2016 食品微生物学检验 乳酸菌检验[S]. 北京: 中国标准出版社, 2016.

[53] FILANNINO P, AZZI L, CAVOSKI I, et al. Exploitation of the health promoting and sensory properties of organic pomegranate (Punica granatum L.) juice through lactic acid fermentation[J]. International Journal of Food Microbiology, 2013, 16(23): 184-192. DOI: 10.1016/j.ijfoodmicro.2013.03.002.

[54] MOHAMMADI R, SOHRABVANDI S, MORTAZAVIAN A M. The starter culture characteristics of probiotic microorganisms in fermented milks[J]. Engineering in Life Sciences, 2012(4): 399-409. DOI: 10.1002/elsc.201100125.

[55] LIU Shanna, HAN Ye, ZHOU Zhijiang. Lactic acid bacteria in traditional fermented Chinese foods[J]. Food Research International, 2011, 44(3): 643-651.

[56] RATHORE S, SALMER NI. Production of potentially probiotic beverages using single and mixed cereal substrates fermented with lactic acid bacteria cultures[J]. Food Microbiology, 2012, 30(2): 239-244.

[57] 梁小波, 王智能, 杨伟伟, 等. 抗氧化活性乳酸菌的分离鉴定及其在泡菜发酵中的应用[J]. 现代食品科技, 2016, 32(12): 225-233. DOI: 10.13982/j.mfst.1673-9078.2016.12.035.

[58] 鄷晋晓. 四川泡菜菌系分离、筛选及发酵剂的研究[D]. 重庆: 西南大学, 2008.

[59] 蔡永峰, 熊涛, 岳国海, 等. 直投式生物法快速生产泡菜工艺条件的研究[J]. 食品与发酵工业, 2006, 32(6): 73-76.

[60] 许梦思, 汪茂荣. 代谢综合征研究进展[J]. 实用中西医结合临床, 2017,

17(9):163-165.

[61]蔡鲁峰,杜莎,谭雅,等.乳酸菌肉品发酵剂的发酵特性研究[J].食品工业科技,2015(17):150-156.

[62] ARASU MV, AL-DHABI NA, REJINIEMON TS, et al. Identification and characterization of Lactobacillus brevis P68 with antifungal, antioxidant and probiotic functional properties[J]. Indian Journal of Microbiology, 2015, 55 (1): 19-28. DOI:10.1007/s12088-014-0495-3.

[63] PEYER L C, ZANNINI E, ARENDT E K. Lactic acid bacteria as sensory biomodulators for fermented cereal-based beverages[J]. Trends in Food Science & Technology, 2016, 54: 17-25. DOI:10.1016/j. tifs.2016.05.009.

[64]Niccolai A, Shannon E, Abu-Ghannam N, et al. Lactic acid fermentation of Arthrospira platensis (spirulina) biomass for probiotic-based products [J]. Journal of Applied Phycology, 2019, 31:1077 - 1083.

[65] Mykola K, Olena V, Yulia H, et al. Some probiotic characteristics of a fermented milk product based on microbiota of "Tibetan kefir grains'' cultivated in Ukrainian household[J]. J Food Sci Technol, 2018,55 (1): 252-257.

[66]李华,王扬,李强,等.灿烂弧菌的疏水性和生物被膜形成能力[J].中国水产科学,2011,18(5):1084-1091.

[67]刘宗敏,谭兴和,周红丽,等.不同乳酸菌发酵萝卜干挥发性成分分析[J].食品科学,2017,38(24):144-149.

[68]尹曼,王一侠,魏颖,等.复合果蔬乳酸菌发酵产物分析及功能性评价[J].食品工业,2016,37(11):215-219.

[69]洪青,刘振民,吴正钧,等.植物乳杆菌的研究进展[J].乳业科学与技术,2017,40(6):33-37.

[70]中华人民共和国国家质量监督检验检总局,中国国家标准化管理委员会.GB/T 12143—2008饮料通用分析方法[S].北京:中国标准出版社,2008.

[71]林晓姿,梁璋成,何志刚,等.两株自选乳酸菌的益生特性[J].北京工商大学学报(自然科学),2012(1):30-34.

[72]Nissen L, Chingwaru W, Sgorbati B, et al. Gut health promoting activity of new putative probiotic/protective Lactobacillus spp. strains: a functional study in the small intestinal cell model[J]. Int J Food Microbiol, 2009, 135:288-294.

[73] DWIVEDI M, KUMAR P, LADDHA NC, et al. Induction of regulatory T

cells: a role for probiotics and prebiotics to suppress autoimmunity [J]. Autoimmunity Reviews, 2016, 15(4): 379−392. DOI: 10. 1016/j. autrev. 2016. 01. 002.

[74] CHIU CH, LU TY, TSENG YY, et al. The effects of *Lactobacillus* fermented milk on lipid metabolism in hamsters fed on high−cholesterol diet[J]. Applied Microbiology and Biotechnology, 2006, 71(2): 238−245.

[75] XU P, HONG F, WANG J, et al. DBZ is a putative PPARγagonist that prevents high fat iet−induced obesi−ty, insulin resistance and gut dysbiosis[J]. Biochimica et Biophysica Acta, 2017, 1861(11): 2690−2701.

[76] KIM DH, KIM H, JEONG D, et al. Kefir alleviates obesi−ty and hepatic steatosis in high−fat diet−fed mice by modu−lation of gut microbiota and mycobiota: targeted and untar−geted community analysis with correlation of biomarkers[J]. The Journal of Nutritional Biochemistry, 2017, 44:35−43.

[77] DONGMO SN, PROCOPIO S, SACHER B, et al. Flavor of lactic acid fermented malt based beverages: current status and perspectives[J]. Trends in Food Science & Technology, 2016, 54: 37−51. DOI:10. 1016/j. tifs. 2016. 05. 017.

[78] 王舸楠, 刘维兵, 王雪薇, 等. 响应面法优化复合菌种发酵葡萄玫瑰花饮品及其抗氧化能力的测定[J]. 食品工业科技, 2019, 40(15): 311−317.

[79] KOBATAKE E, NAKAGAWA H, SEKI T, et al. Protective effects and functional mechanisms of Lactobacillus gasseri SBT2055 against oxidative stress [J]. PLoS ONE, 2017, 12(5): e0177106. DOI: 10. 1371/journal. pone. 0177106.

[80] Ji Young Jung, Se Hee Lee, Hyo Jung Lee, et al. Effects of Leuconostoc mesenteroides starter cultures on microbial communities and metabolites during kimchi fermentation[J]. International Journal of Food Microbiology, 2012, 153 (3):378−387.

[81] Pavel Kalač, Jiří Špička, Martin Křižek, Tamara Pelikánová. The effects of lactic acid bacteria inoculants on biogenic amines formation in sauerkraut[J]. Food Chemistry, 2000, 70(3): 355−359.

[82] 闫天文, 满朝新, 刘泳麟, 等. 一株植物乳杆菌高密度培养的研究[J]. 中国乳品工业, 2014, 42(4): 33−37.

[83] 王今雨, 满朝新, 杨相宜, 等. 植物乳杆菌 NDC 75017 的降胆固醇作用

[J]. 食品科学, 2013, 34(3): 243-247.

[84]赵玉鉴, 李盛钰, 赵玉娟, 等. 益生性植物乳杆菌 C88 的高密度培养条件优化研究[J]. 中国乳品工业, 2014, 42(1): 7-10.

[85]陈忠秀, 李嘉文, 赵扬, 等. 益生菌的应用现状和发展前景[J]. 中国微生态学杂志, 2016, 28(4): 493-496.

[86]周强, 黄林, 田陈聘, 等. 发酵条件对腌制功能性泡菜的品质影响及工艺优化[J]. 中国调味品, 2018, 43(11): 6-11.

[87]杨明阳, 田建军, 景智波, 等. 乳酸菌抗氧化调控体系研究进展[J]. 食品科学, 2018, 39(15):290-295.

[88]刘香英, 孙洪蕊, 范海茹, 等. 益生性植物乳杆菌 K25 高密度培养工艺优化[J]. 食品科技, 2018, 43(3): 20-24.

[89]Sang Hyeon Jeong, Hyo Jung Lee, Ji Young Jung, et al. Effects of red pepper powder on microbial communities and metabolites during kimchi fermentation [J]. International Journal of Food Microbiology, 2013, 160(3): 252-259.

[90]MOZZI F, ORTIZ ME, BLECKWEDEL J, et al. Metabolomics as a tool for the comprehensive understanding of fermented and functional foods with lactic acid bacteria[J]. Food Research International, 2013, 54(11): 1152-1161.

[91]Sajedinejad N, Paknejad M, Houshmand B, et al. Lactobacillus salivarius NK02: A potent probiotic for clinical application in mouthwash[J]. Probiotics Antimicrob Proteins, 2018, 10: 485-495.

[92]Zanotti I, Turroni F, Piemontese A, et al. Evidence for cholesterol-lowering activity by *Bifidobacterium bifidum* PRL2010 through gut microbiota modulation [J]. Appl Microbiol Biotechnol, 2015, 99:6813-6829.

[93]Saraniya A, Jeevaratnam K. In vitro probiotic evaluation of phytase producing *Lactobacillus* species isolated from Uttapam batter and their application in soy milk fermentation[J]. J Food Sci Technol, 2015, 52(9):5631-5640.

[94]SUO Huayi, QIAN Yu, FENG Xia, et al. Free Radical scavenging activity and cytoprotective effect of soybean milk fermented with Lactobacillus fermentum Zhao[J]. Journal of Food Biochemistry, 2016, 40(3): 294-303. DOI:10.1111/jfbc.12223.

[95]HASHEMI SMB, SHAHIDI F, MORTAZAVI SA, et al. Effect of Lactobacillus plantarum LS5 on oxidative stability and lipid modifications of Doogh [J].

International Journal of Dairy Technology，2016，69（4）：550-558. DOI：10.
1111/1471-0307. 12292.

[96]熊晓辉，王晓飞，陆利霞. 泡菜中乳酸菌的分离、鉴定和生产初试[J]. 中
国调味品，2004，（11）：2-15.

[97]曹战江，于健春，康维明，等. 肥胖症肠道菌群与炎症的研究进展[J]. 中
国医学科学院学报，2013，35(4)：462-465.

[98]中华人民共和国国家标准. 食品中胆固醇的测定[S]. GB/T 5009. 128—
2016，2016.

[99]徐威. 微生物学实验(第二版)[M]. 北京：中国医药科技出版社，2014.

[100]李幼筠，甘萍，黄水泉，等. 泡菜乳酸菌种的选育(一)[J]. 中国调味品，
1996，（10）：5-9,26.

[101]布坎南 R E,吉本斯 N E. 伯杰氏细菌鉴定手册(第 8 版)[M]. 北京：科学
出版社,1984.

[102] Elena Peñas, Juana Frias, Beatriz Sidro, et al. Impact of fermentation
conditions and refrigerated storage on microbial quality and biogenic amine
content of sauerkraut[J]. Food Chemistry, 2010, 123(1):143-150.

[103]章秀梅，刘昭明，黄翠姬，等. 酸菜汁中乳酸菌的分离鉴定及其体外降胆
固醇能力研究[J]. 中国调味品，2011，36(11)：30-34.

[104]赵维俊,吕嘉枥,马强，等. 嗜酸乳杆菌的表面疏水性分析[J]. 中国乳品
工业，2011，39(10)：8-11.

[105]汪建明，赵仁国,肖冬光.高活性干酪乳杆菌粉末发酵剂的初步研究[J].
天津科技大学学报，2005，20(2)：9-13.

[106]王凯旋，张健，王俊，等. 应用双响应曲面法优化乳酸菌发酵桑葚汁的生
产工艺条件[J]. 蚕业科学，2013，39(4)：763-770.

[107]赵晓娟，黄桂颖. 食品分析实验指导[M]. 北京：中国轻工业出版
社，2016.

[108]张俊娟. 具有黏附性乳杆菌的筛选与特性研究[D]. 石家庄：河北农业大
学，2011.

[109]Hongpattarakere T, Uraipan S. Bifidogenic characteristic and protective effect
of saba starch on survival of *Lactobacillus plantarum* CIF17AN2 during vacuum-
drying and storage[J]. Carbohydr Polym, 2015, 117：255-261.

[110]Todorov SD, LeBlanc JG, Franco BDGM. Evaluation of the probiotic potential

and effect of encapsulation on survival for *Lactobacillus plantarum* ST16Pa isolated from papaya[J]. World J Microbiol Biotechnol, 2012, 28:973-984.

[111] Izquierdo E, Medina M, Ennahar S, et al. Resistance to simulated gastrointestinal conditions and adhesion to mucus as probiotic criteria for *Bifidobacterium longum*strains[J]. Curr Microbiol, 2008, 56:613-618.

[112] Gardner NJ, Savard T, Obermeier P, et al. Champagne selection and characterization of mixed starter cultures for lactic acid fermentation of carrot, cabbage, beet and onion vegetable mixtures[J]. International Journal of Food Microbiology, 2001, 64(3): 261-275.

[113]Gao Y, Li D, Liu S, et al. Probiotic potential of *L. sake* C2 isolated from traditional Chinese fermented cabbage[J]. Eur FoodRes Technol, 2012, 234 (1): 45-51.

[114]Reid G. Probiotics: Definition, scope and mechanisms of action[J]. Best Pract Res Clin Gastroenterol, 2016, 30: 17-25.

[115] Pederson CS, Albury MN. The effect of pure culture inoculation on fermentation of cucumbers[J]. Food Technology, 1961, 15: 351-354.

[116]Pérez PF, Minnaard Y, Disalvo EA, et al. Surface properties of bifidobacterial strains of human origin[J]. Applied and Environmental Microbiology, 1998, 64(1): 21-26.

[117]Lee SB, Kim DH, Park HD. Effects of protectant and rehydration conditions on the survival rate and malolactic fermentation efficiency of freeze – dried Lactobacillus plantarum JH287[J]. Appl Microbiol Biotechnol, 2016, 100: 7853-7863.

[118]Saol K, Arora M. Probiotics, prebiotics and microencap-sulation: A review [J]. Critical Reviews in Food Science and Nutrition, 2017, 57(2):344-371.

[119]许宁宁, 余梓涵, 刁世童, 等. 益生菌在代谢综合征中的潜在作用及研究进展[J]. 重庆医学, 2019, 8(13): 2297-2300.

[120]凌空, 周明, 陆路, 等. 果蔬酵素不同发酵周期中微生物的分离鉴定[J]. 中国食品添加剂, 2018(7): 71-77.

[121]王光强, 于小青, 周炜, 等. 乳酸乳球菌冷冻保藏条件的研究[J]. 工业微生物, 2017, 47(6): 38-42.

[122]葛宇, 赖承兴, 张文艳, 等. 海藻糖对保加利亚乳杆菌保护应用的研究

[J]. 食品科学, 2002, 23(7): 55-58.

[123] 张兴吉, 葛武鹏, 刘阳, 等. 西部传统发酵乳品中乳酸菌筛分及其亚硝酸盐降解能力[J]. 食品科学, 2018, 39(14): 199-205.

[124] 郝倩男, 万嗣宝, 王凤娜, 等. 萨拉米香肠发酵菌株肉糖葡萄球菌冻干保护剂的筛选[J]. 食品科技, 2018, 43(7): 243-249.

[125] 张风华, 黄俊逸, 李新福, 等. 嗜酸乳杆菌冻干保护剂及其直投式复合发酵剂的开发[J]. 现代食品科技, 2019, (9): 248-257.

[126] 张娟, 陈坚. 益生菌功能开发及其应用性能强化[J]. 科学通报, 2019, 64(3): 246-259.

[127] 白永强, 于立娟, 周慧敏, 等. 植物乳杆菌 Zhang-LL 高密度发酵的研究[J]. 中国农学通报, 2015, 31(31): 285-290.

[128] 宋艳, 李岳飞, 王智鼎, 等. 嗜酸乳杆菌高密度培养工艺条件的优化及其评价[J]. 吉林大学学报(医学版), 2013, 39(5): 1036-1040.

[129] He Chen, Mengqi Tian, Li Chen, et al. Optimization of composite cryoprotectant for freeze–drying Bifidobacterium bifidum BB01 by response surface methodology[J]. Artificial Cells, Nanomedicine, and Biotechnology, 2019, 47(1): 1559-1569.

[130] MISHRA V, SHAH C, MOKASHE N, et al. Probiotics as potential antioxidants: a systematic review [J]. Journal of Agricultural and Food Chemistry, 2015, 63(14): 3615-3626. DOI: 10.1021/jf506326t.

[131] KIM Y, YOON S, LEE SB, et al. Fermentation of soy milk viaLactobacillus plantarum improves dysregulated lipid metabolism in rats on a high cholesterol diet[J]. Plos One, 2014, 9 (2): e88231.

[132] Khem S, Woo MW, Small DM, et al. Agent selection and protective effects during single droplet drying of bacteria[J]. Food Chemistry, 2015, 166: 206-214.

[133] WATERS DM, MAUCH A, COFFEY A, et al. Lactic acid bacteria as a cell factory for the delivery of functional biomolecules and ingredients in cereal-based beverages: a review [J]. Critical Reviews in Food Science and Nutrition, 2015, 55(4): 503-520. DOI: 10.1080/10408398.2012.660251.

[134] Ambros S, Dombrowski J, Boettger D, et al. Structure–Function–Process Relationship for Microwave Vacuum Drying of Lactic Acid Bacteria in Aerated

Matrices[J]. Food Bioprocess Technol, 2019, 12: 395-408.

[135] YU Xiaomin, LI Shengjie, YANG Dong, et al. A novel strain of Lactobacillus mucosae isolated from a Gaotian villager improves in vitro and in vivo antioxidant as well as biological properties in D-galactose-induced aging mice [J]. Journal of Dairy Science, 2016, 99(2): 903-914. DOI:10. 3168/jds. 2015-10265.

[136] Liu H, Cui SW, Chen M. Protective approaches and mechanisms of microencapsulation to the survival of probiotic bacteria during processing, storage and gastrointestinal digestion. Food Science and Nutrition, 2019, 59 (17): 2863-2878.

[137] WANG J, ZHAO X, TIAN Z, et al. Characterization of an exopolysaccharide produced by Lactobacillus plantarum YW11 isolated from Tibet Kefir [J]. Carbohydrate Polymers, 2015, 125: 16-25. DOI:10. 1016/j. Carbpol. 2015. 03. 003.

[138] Mokoena MP, Mutanda T, Olaniran AO. Perspectives on the probiotic potential of lactic acid bacteria from African traditional fermented foods and beverages[J]. Food & Nutr Res, 2016, 60: 29630. DOI: 10. 3402/fnr. v60. 29630.

[139] 王俊青, 张峰, 蒙健宗, 等. 预培养冷冻干燥制备植物乳杆菌发酵剂[J]. 食品科技, 2016, 41(1): 2-6.

[140] 马宏慧, 孔保华, 夏秀芳, 等. 干酪乳杆菌 KLDS1. 0381 高密度培养条件研究[J]. 东北农业大学学报, 2012, 43(2): 13-19.

[141] 王帅. 植物乳杆菌培养及冻干技术研究[D]. 西安: 陕西科技大学, 2016.

[142] 隋春光, 梁金钟, 王风青. 植物乳杆菌 LP-S2 高密度培养的研究[J]. 粮食与饲料工业, 2016(8): 49-53.

[143] 周晏阳, 孔雪英, 吴梅, 等. 1 株牦牛源产细菌素植物乳杆菌的益生特性分析[J]. 食品科学, 2018, 39(14): 132-137.

[144] 张宇. 乳杆菌对肠道微生态及口服免疫效应的影响[D]. 天津: 天津科技大学, 2018.

[145] 侯爱香, 王一淇, 姜辉, 等. 基于 Plackett – Burma 的湖南芥菜发酵菌种高密度培养条件优化[J]. 湖南农业大学学报(自然科学版), 2017, 43 (6): 669-675.

［146］刘成国, 易文芝, 周辉. 高活菌数复合益生菌发酵乳工艺优化［J］. 农业工程学报, 2013, 29(13): 286-296.

［147］王小红, 谢笔钧, 史贤明, 等. 乳酸菌对金黄色葡萄球菌生物拮抗作用的初步研究［J］. 食品工业科技, 2005, 26(1): 68-70.

［148］樊振南, 佟立涛, 周素梅, 等. 植物乳杆菌 YI-Y2013 冻干保护剂配方优化［J］. 食品与机械, 2017, 33(9): 126-130, 140.

［149］国家卫生和计划生育委员会, 国家食品药品监督管理总局. 食品微生物学检验菌落总数测定: GB 4789. 2—2016［S］. 北京: 中国标准出版社, 2016.

［150］张香美, 赵玉星, 闫晓晶, 等. 1 株具抑菌和抗氧化活性乳酸菌的筛选及鉴定［J］. 食品科学, 2018, 39(2): 93-98.

［151］隋春光, 梁金钟, 王风青. 植物乳杆菌 Lp-S$_2$ 直投式发酵剂及其离心、冷冻干燥工艺研究［J］. 食品与机械, 2016, 2(11): 74-77.

［152］龙强, 聂乾忠, 刘成国. 发酵肉制品功能性发酵剂研究现状［J］. 食品科学, 2016, 37(17): 263-269. DOI:10.7506/spxk1002-6630-201617044.

［153］CHEN Q, KONG B, SUN Q, et al. Antioxidant potential of a unique LAB culture isolated from Harbin dry sausage: in vitro and in a sausage model［J］. Meat Science, 2015, 110: 180-188. DOI:10.1016/j. meatsci. 2015. 07. 021.

［154］REJINIEMON TS, HUSSAIN RR, RAJAMANI B. In vitro functional properties of Lactobacillus plantarum isolated from fermented ragimalt［J］. South Indian Journal of Biological Sciences, 2015, 1(1): 15-23. DOI:10. 22205/sijbs/2015/v1/i1/100437.

［155］OJEKUNLE O, BANWO K, SANNI AI. In vitro and in vivo evaluation of Weissella cibaria and Lactobacillus plantarum for their protective effect against cadmium and lead toxicities［J］. Letters in Applied Microbiology, 2017, 64 (5): 379-385. DOI:10. 1111/lam. 12731.

［156］FREIRE AL, RAMOS CL, SOUZA PND, et al. Nondairy beverage produced by controlled fermentation with potential probiotic starter cultures of lactic acid bacteria and yeast［J］. International Journal of Food Microbiology, 2017, 248: 39-46. DOI:10. 1016/j. ijfoodmicro. 2017. 02. 011.

［157］DAWOOD MA, KOSHIO S, ISHIKAWA M, et al. Effects of dietary supplementation of Lactobacillus rhamnosus or/and Lactococcus lactis on the growth, gut microbiota and immune responses of red sea bream, Pagrus major [J]. Fish & Shellfish Immunology, 2016, 49: 275-285. DOI:10. 1016/j. fsi. 2015. 12. 047.

[158] SWETWIWATHANA A, VISESSANGUAN W. Potential of bacteriocin - producing lactic acid bacteria for safety improvements of traditional Thai fermented meat and human health[J]. Meat Science, 2015, 109: 101-105. DOI:10. 1016/j. meatsci. 2015. 05. 030.

[159] HAJ-MUSTAFA M, ABDI R, SHEIKH-ZEINODDIN M. Statistical study on fermentation conditions in the optimization of exopolysaccharide production by Lactobacillus rhamnosus 519 in skimmed milk base media[J]. Biocatalysis and Agricultural Biotechnology, 2015, 4(4): 521-527. DOI:10. 1016j. Bcab. 2015. 08. 013.

[160] ESPIRITO-SANTO AP, CARLIN F, RENARD CMGC. Apple, grape or orange juice: which one offers the best substrate for lactobacilli growth? -a screening study on bacteria viability, superoxide dismutase activity, folates production and hedonic characteristics [J]. Food Research International, 2015, 78: 352-360. DOI:10. 1016/j. foodres. 2015. 09. 014.

[161] KIM DH, JEONG D, KANG IB, et al. Dual function ofLactobacillus kefiri DH5 in preventing high - fat - diet - induced obesity: direct reduction of cholesterol and up-regulation of PPA R-α in adipose tissue[J]. Molecular Nutrition and Food Research, 2017, 61(11): 1700252. https://doi. org/10. 1002/mnfr. 201700252.

[162] Song CE, Kuppusamy P, Jeong Y, et al. Microencapsulation of endophytic LAB (KCC-41) and its probiotic and fermentative potential for cabbage kimchi [J]. International Microbiology, 2019, 22:121 - 130.

[163] de ALMEIDA JÚNIOR WLG, FERRARI ÍDS, de SOUZA JV, et al. Characterization and evaluation of lactic acid bacteria isolated from goat milk [J]. Food Control, 2015, 53: 96-103. DOI:10. 1016/j. Foodcont. 2015. 01. 013.

[164] JI K, JANG NY, KIM YT. Isolation of lactic acid bacteria showing antioxidative and probiotic activities from Kimchi and infant feces[J]. Journal of Microbiology and Biotechnology, 2015, 25(9): 1568 - 1577. DOI: 10.

4014/jmb. 1501. 01077.

［165］ DILNA SV, SURYA H, ASWATHY RG, et al. Characterization of an exopolysaccharide with potential health-benefit properties from a probiotic Lactobacillus plantarum RJF4［J］. LWT-Food Science and Technology, 2015, 64(2): 1179-1186. DOI:10. 1016/ j. lwt. 2015. 07. 040.

［166］SALMERÓN I, THOMAS K, PANDIELLA SS. Effect of potentially probiotic lactic acid bacteria on the physicochemical composition and acceptance of fermented cereal beverages［J］. Journal of Functional Foods, 2015, 15: 106-115. DOI:10. 1016/j. jff. 2015. 03. 012.

［167］梁璋成，何志刚，任香芸，等. MLF 植物乳杆菌 R23 培养基优化［J］. 福建农业学报，2009，24(6): 570-574.

［168］李云，黄志丹，郑丽芬，等. 利用乳清为主要原料高密度培养干酪乳杆菌［J］. 食品工业科技，2010，31(12): 179-181.

［169］李晓博，胡文忠，姜爱丽，等. 自然发酵与人工接种发酵酸菜的研究进展［J］. 食品与发酵工业，2016，42(3): 251-255. DOI:10. 13995/j. cnki. 11-1802/ts. 201603044.

［170］谢靓，李梓铭，蒋立文. 接种耐盐植物乳杆菌对不同盐渍程度发酵辣椒挥发性成分的影响［J］. 食品科学，2015，36(16): 163-169. DOI:10. 7506/ spkx1002-6630-201516030.

［171］赵延胜，吴超，王慧，等. 不同保护剂影响植物乳杆菌冻干菌粉发酵活力的研究［J］. 食品研究与开发，2019，40(12): 19-24.

［172］周德庆. 微生物学教程(第三版)［M］. 北京: 高等教育出版社，2011.

［173］施大林，孙梅，陈秋红. 嗜酸乳杆菌培养基的优化及高密度培养［J］. 食品与发酵科技，2011，47(2): 60-63.

［174］罗静，文婧，甘李，等. 泡菜盐渍-发酵复合新工艺的研究［J］. 食品工业，2019，40(1): 32-37.

［175］李清，王英，刘小莉，等. 一株广谱抑菌活性乳酸菌的筛选及特性研究［J］. 微生物学通报，2015，42(2): 332-339. DOI:10. 13344/j. microbiol. china. 140373.

［176］孙庆申，周丽楠. 益生菌类保健食品研究进展［J］. 食品科学技术学报，2018，36(2):21-26.

［177］蒋琰洁. 新疆传统乳制品中抗氧化乳酸菌的筛选及其特性的初步研究

［D］. 石河子：石河子大学，2015：1-5.

［178］蒋文鑫，崔树茂，毛丙永，等. 短双歧杆菌冻干保护剂的优选及高密度冻干工艺优化［J］. 食品与发酵工业，2020，46（9）：31-36.

［179］林子昭. 泡菜生产中乳酸菌的发酵条件、机理及意义［J］. 现代食品，2018，（4）：136-137.

［180］侯晓艳，陈安均，罗惟，等. 不同乳酸菌纯种发酵萝卜过程中品质的动态变化［J］. 食品工业科技，2015，36（2）：181-185. DOI：10. 13386/j. issn1002-0306. 2015. 02. 030.

［181］SONG W, SONG C, SHAN YJ, et al. The antioxidative effects of three lactobacilli on high-fat diet induced obese mice［J］. RSC Advances, 2016, 6 (70)：65808-65815. DOI：10. 1039/c6ra06389f.

［182］Granato D, Branco GF, Nazzaro F, et al. Functional foods and nondairy probiotic food development：trends, concepts, and products［J］. Institute of Food Technologists, 2010, 9：292-302.

［183］WANG Ying, ZHOU Jianzhong, XIA Xiudong, et al. Probiotic potential of Lactobacillus paracasei FM-LP-4 isolated from Xinjiang camel milk yoghurt ［J］. International Dairy Journal, 2016, 62：28-34. DOI：10. 1016/j. idairyj. 2016. 07. 001.

［184］CALVACHE JN, CUETO M, FARRONI A, et al. Antioxidant characterization of new dietary fiber concentrates from papaya pulp and peel (Carica papaya L.)［J］. Journal of Functional Foods, 2016, 27：319-328. DOI：10. 1016/j. jff. 2016. 09. 012.

［185］GHOSH K, RAY M, ADAK A, et al. Role of probiotic Lactobacillus fermentum KKL1 in the preparation of a rice based fermented beverage［J］. Bioresource Technology, 2015, 188：161-168. DOI：10. 1016/j. biortech. 2015. 01. 130.

［186］AMEL A M, FARIDA B, DJAMILA S. Anti-adherence potential of Enterococcus durans cells and its cell-free supernatant on plastic and stainless steel against foodborne pathogens［J］. Folia Microbiologica, 2015, 60（4）：1-7. DOI：10. 1007/s12223-014-0367-6.

［187］Xiong T, Song S, Huang X, et al. Screening and identification of functional Lactobacillus specific for vegetable fermentation［J］. Journal of Food Science,

2013, 78(1): 84-89.

[188] CUI S, ZHAO J, LIU X, et al. Maximum biomass concentration prediction for Bifidobacteria in the pH-controlled fed-batch culture[J]. Letters in Applied Microbiology, 2016, 62(3): 256-263.

[189] SHAHIDI F, ZHONG Y. Measurement of antioxidant activity[J]. Journal of functional foods, 2015, 18: 757-781. DOI: 10.1016/j. jff. 2015. 01. 047.

[190] 焦媛媛, 杜丽平, 孙文, 等. 优良梨汁发酵乳酸菌的筛选与发酵性能分析[J]. 食品科学, 2019, 40(2): 141-145.

[191] 刘栋, 胡亚民, 刘洪吉, 等. 罗伊氏乳杆菌LT018高密度培养生长因素的研究[J]. 食品工业科技, 2016, (21): 144-149.

[192] 陈明, 柯文灿, 保安安, 等. 青藏高原牦牛酸奶中具高抗氧化能力乳酸菌的筛选[J]. 食品工业科技, 2016, 37(8): 201-205. DOI: 10.13386/j. issn1002-0306. 2016. 08. 033.

[193] 丁银润. 主要食药用菌降血脂作用及其机理研究[D]. 广州: 华南理工大学, 2017.

[194] 张蓓蓓, 王柱, 王宪斌, 等. 四川地区泡菜微生物的多样性分析[J]. 食品与发酵科技, 2016, 52(1): 1-5. DOI: 10.3969/j. issn. 1674-506X. 2016. 01-001.

[195] WU R, YU M, LIU X, et al. Changes in flavor and microbial diversity during natural fermentation of suan-cai, a traditional food made in Northeast China[J]. International Journal of Food Microbiology, 2015, 211: 23-31. DOI: 10.1016/j. ijfoodmicro. 2015. 06. 028.

[196] 王桃, 纪瑞, 刘海燕, 等. 长双歧杆菌DD98冻干保护剂优化及菌粉保存稳定性研究[J]. 轻工科技, 2019, 35(12): 20-24.

[197] 林耀盛, 张名位, 张瑞芬, 等. 不同品种龙眼果肉酚类物质的抗氧化活性比较[J]. 食品科学技术学报, 2016, 34(3): 20-30.

[198] BEZERRA TKA, DE OLIVEIRA ARCANJO NM, GARCIA EF, et al. Effect of upplementation with probiotic lactic acid bacteria, separately or combined, on acid and sugar production in goat "coalho" cheese[J]. LWT-Food Science and Technology, 2017, 75: 710-718. DOI: 10.1016/j. lwt. 2016. 10. 023.

[199] 高玉荣, 李大鹏, 张凤琴, 等. 传统腊肠中降胆固醇降甘油三酯益生菌的筛选及鉴定[J]. 食品科技, 2020, 45(5): 14-18.

[200] LI D, LI J, ZHAO F. The influence of fermentation condition on production and molecular mass of EPS produced by Streptococcus thermophilus 05-34 in milk-based medium[J]. Food Chemistry, 2016, 197: 367-372. DOI: 10. 1016/j. Foodchem. 2015. 10. 129.

[201] 胡渊, 刘成国, 黄茜, 等. 干酪乳杆菌增殖培养基的优化研究[J]. 食品与机械, 2014, 30(2): 19-24.

[202] 童京京. 川西北牦牛酸奶中耐久肠球菌的筛选及应用研究[D]. 成都: 西南民族大学, 2015.

[203] KALAYCIO ǦLU Z, ERIM FB. Total phenolic contents, antioxidant activities, and bioactive ingredients of juices from pomegranate cultivars worldwide[J]. Food Chemistry, 2017, 221: 496-507. DOI: 10. 1016/j. foodchem. 2016. 10. 084.

[204] 高雅娟. 红曲中非他汀物质降血脂机理的初步研究[D]. 天津: 天津科技大学, 2016.

[205] 冯小婉, 夏永军, 王光强, 等. 产胞外多糖植物乳杆菌的筛选及粗多糖的活性研究[J]. 食品科学, 2016, 36(13): 125-129.

[206] YAP WB, AHMAD FM, LIM YC, et al. Lactobacillus casei strain C1 attenuates vascular changes in spontaneously hypertensive rats[J]. Korean Journal of Physiology and Pharmacology, 2016, 20(6): 621-628. DOI: 10. 4196/kjpp. 2016. 20. 6. 621.

[207] 王辑, 张雪, 李盛钰, 等. 植物乳杆菌 K25 发酵乳降低小鼠血清胆固醇的作用研究[J]. 食品科学, 2012, 33(7): 256-260.

[208] 王玉林, 黄洁, 崔树茂, 等. 植物乳杆菌最适生长底物解析及高密度培养工艺[J]. 食品与发酵工业, 2020, 46(4): 19-27.

[209] SU Jing, WANG Tao, LI Yingying, et al. Antioxidant properties of wine lactic acid bacteria: Oenococcus oeni[J]. Applied Microbiology and Biotechnology, 2015, 99(12): 5189-5202. DOI: 10. 1007/s00253-015-6425-4.

[210] 陈明, 柯文灿, 张娟, 等. 青藏高原牦牛酸奶中具有抗氧化活性乳酸菌的体内外益生特性[J]. 食品科学, 2017, 38(23): 178-183.

[211] 张和平. 自然发酵乳制品中乳酸菌的生物多样性[J]. 生命科学, 2015, 27(7): 837-846. DOI: 10. 13376/j. cbls/2015116.

[212] 吕秀红, 陈凯飞, 朱祺, 等. 降胆固醇乳酸菌的筛选与鉴定[J]. 中国食品

学报，2016，16(3)：198-204. DOI：10.16429/j.1009-7848.2016.03.027.

[213]邓永萍，彭斌武，宋汉聪，等. 心脑血管疾病与血脂水平相关性分析[J].
中国民康医学，2010，2(15)：1922-1923.

[214] GEETA, YADAV AS. Antioxidant and antimicrobial profile of chicken
sausages prepared after fermentation of minced chicken meat with Lactobacillus
plantarum, and with additional dextrose and starch[J]. LWT-Food Science
and Technology, 2017, 77：249-258. DOI：10.1016/j.lwt.2016.11.050

[215] 周晏阳，孔雪英，吴梅，等. 牦牛源产细菌素的乳酸菌的筛选鉴定[J].
西南民族大学学报(自然科学版)，2017，43(4)：331-337.

[216]管国强，崔鹏景，宋庆春，等. 枯草芽孢杆菌 ZC1 高密度培养的条件优化
[J]. 中国调味品，2017，41(1)：13-17+27.

[217]赵爽，孙娟，刘书亮，等. 泡菜直投式乳酸菌发酵剂的制备[J]. 食品工业
科技，2014，35(17)：171-179.

[218] DEY TB, CHAKRABORTY S, JAIN KK, et al. Antioxidant phenolics and
their microbial production by submerged and solid state fermentation process：a
review[J]. Trends in Food Science & Technology, 2016, 53：60-74. DOI：
10.1016/j.tifs.2016.04.007.

[219]王彦萍，熊涛，黄涛，等. 优良饲用乳酸菌的筛选及在模拟消化环境中的
耐受性[J]. 食品与发酵工业，2016，42(10)：56-60. DOI：10.13995/j.
cnki.11-1802/ts.201610010.

[220]HUANG Li, DUAN Cuicui, ZHAO Yujuan, et al. Reduction of aflatoxin B 1
toxicity by Lactobacillus plantarum C88：a potential probiotic strain isolated
from Chinese traditional fermented food "Tofu" [J]. PLoS ONE, 2017, 12
(1)：e0170109. DOI：10.1371/journal. pone.0170109.

[221]黄娇丽，黄丽. 益生乳酸菌黏附特性评价体系的研究进展[J]. 食品工业，
2017(7)：258-262.

[222]束文秀，吴祖芳，翁佩芳，等. 植物乳杆菌和发酵乳杆菌对胡柚汁发酵品
质及其抗氧化性的影响[J]. 食品科学，2019，40(2)：152-158.

[223]XU Shuang, LIU Taigang, RADJI CAI, et al. Isolation, identification, and
evaluation of new lactic acid bacteria strains with both cellular antioxidant and
bile salt hydrolase activities in vitro[J]. Journal of Food Protection, 2016, 79
(11)：1919-1928. DOI：10.4315/0362-028X. JFP-16-096.

[224] 路四海, 赵瑞香, 祁婷婷. 两株嗜酸乳杆菌体外降低胆固醇的研究[J]. 食品与机械, 2011, 27(6): 60-63.

[225] FURUMOTO H, NANTHIRUDJANAR T, KUME T, et al. 10-Oxo-trans-11-octadecenoic acid generated from linoleic acid by a gut lactic acid bacterium Lactobacillus plantarum is cytoprotective against oxidative stress [J]. Toxicology and Applied Pharmacology, 2016, 296: 1-9. DOI: 10.1016/j. taap.2016.02.012.

[226] 陈荣豪, 陈文学, 陈海明, 等. 乳酸菌发酵过程中番木瓜饮料的主要成分分析与抗氧化活性变化[J]. 食品科学, 2018, 39(6):222-229.

[227] 刘辉, 季海峰, 王四新, 等. 饲用乳酸菌高密度培养的研究进展[J]. 中国饲料, 2016, (4): 11-14.

[228] XING Jiali, WANG Gang, GU Zhennan, et al. Cellular model to assess the antioxidant activity of lactobacilli[J]. RSC Advances, 2015, 5(47):37626-37634. DOI:10.1039/c5ra02215k.

[229] Hasan MN, Sultan MZ, Mar-E-Um M. Significance of fermented food in nutrition and food science[J]. J Sci Res,2014, 6:373-386.